MF-151 2. Ex.

Inv.-Nr. A 23037

Geographisches Institut
der Universität Kiel
ausgesonderte Dublette

Geographisches Institut
der Universität Kiel

KIELER GEOGRAPHISCHE SCHRIFTEN

Begründet von Oskar Schmieder

Herausgegeben vom Geographischen Institut der Universität Kiel
durch J. Bähr, H. Klug und R. Stewig

Schriftleitung: S. Busch

Band 88

PETER WICHMANN

Jungquartäre randtropische Verwitterung

Ein bodengeographischer Beitrag
zur Landschaftsentwicklung
von Südwest-Nepal

KIEL 1993

IM SELBSTVERLAG DES GEOGRAPHISCHEN INSTITUTS
DER UNIVERSITÄT KIEL
ISSN 0723 - 9874
ISBN 3 - 923887 - 30 - 2

Die Deutsche Bibliothek — CIP-Einheitsaufnahme

Wichmann, Peter:
Jungquartäre randtropische Verwitterung
Ein bodengeographischer Beitrag zur
Landschaftsentwicklung von Südwest-Nepal /
von Peter Wichmann. Geographisches Institut der
Universität Kiel. - Kiel: Geographisches Inst., 1993
   (Kieler geographische Schriften ; Bd. 88)
   Zugl.: Kiel, Univ., Diss., 1992
   ISBN 3-923887-30-2
NE: GT

Gedruckt mit Unterstützung des Ministeriums für Bildung, Wissenschaft,
Jugend und Kultur des Landes Schleswig-Holstein

© Alle Rechte vorbehalten

Vorwort

Diese Arbeit entstand im Rahmen des Forschungsprojektes "Quartär-Nepal" der Deutschen Forschungsgemeinschaft (Br 303/21-1 und 21-2), der ich für die finanzielle Ausstattung danke.

Einen wesentlichen Beitrag zu dieser Arbeit leistete Frau Dr. Corvinus (Institut für Ur- und Frühgeschichte der Universität Erlangen) durch die Initiierung der Zusammenarbeit sowie ihre sachkundige Führung und die anregenden Diskussionen im Gelände. Hierfür gebührt ihr mein außerordentlicher Dank.

Für einige mineralogische Untersuchungen, speziell die Phasenkontrastmikroskopie, danke ich Herrn Dr. Kalk (Institut für Pflanzenernährung und Bodenkunde der Universität Kiel). Ebenso danke ich Herrn Dr. Ensling (Institut für Anorganische und Analytische Chemie der Universität Mainz) dafür, daß er einige Proben Mößbauer-spektroskopisch untersucht hat. Zu Dank bin ich auch Herrn Prof. Hörmann (Institut für Mineralogie der Universität Kiel) verpflichtet, der mich in die Röntgenfluoreszenzanalyse eingewiesen und einige Proben analysieren lassen hat.

Den Instituten für Pflanzenernährung und Bodenkunde sowie Wasserwirtschaft und Landschaftsentwicklung der Universität Kiel danke ich für die Erlaubnis Laborgeräte zu benutzen.

Zu großem Dank bin ich Herrn Dr. Bruhn (Institut für Geographie der Universität Kiel) verpflichtet, der die Arbeit stets mit Interesse und konstruktiver Kritik begleitet hat.

Mein besonderer Dank aber gilt an dieser Stelle Herrn Prof. Bronger für seine engagierte Unterstützung, seine stete Diskussionsbereitschaft und sein über das wissenschaftliche Interesse hinausgehende, persönliche Verständnis. Auf seine Initiative wurde dieses Forschungsprojekt eingerichtet; sein Rat und seine freundliche Geduld waren mir stets eine Orientierung.

INHALTSVERZEICHNIS

1. Einleitung	1
2. Faktoren der Morphodynamik und Bodenbildung sowie ihre regionale Differenzierung	4
2.1 Geologischer Aufbau	4
2.2 Überblick über die physiographische Gliederung Nepals. - Morphologische Position der ausgewählten Bodenprofile	11
2.3 Klima und Bodenwasserhaushalt	16
2.4 Vegetationszonen	21
2.5 Rezente Morphodynamik und ihre anthropogene Beeinflußung	25
2.5.1 Entwaldung und Landschaftsdegradierung	25
2.5.2 Historischer und sozio-ökonomischer Ursachenkomplex	27
3. Methodik	29
3.1 Vorarbeiten	29
3.1.1 Auswahl der Profile	29
3.1.2 Probennahme	29
3.1.3 Probenaufbereitung	30
3.1.4 Statistische Erwägungen	30
3.2 Korngrößenanalyse	31
3.3 Ermittlung der Farbwerte	32
3.4 Mikromorphologische Ansprache	32
3.5 Erfassung der mineralogischen Zusammensetzung	33
3.5.1 Silicate	33
3.5.1.1 Vorarbeiten und allgemeine Betrachtungen	33
3.5.1.2 Sandfraktion	34
3.5.1.3 Schlufffraktion	35
3.5.1.4 Tonfraktion	35
3.5.2 Eisenoxide und -hydroxide	38
3.6 Bestimmung der organischen Substanz	40
3.7 Messung bodenchemischer Parameter	40
3.7.1 Bodenreaktion	40
3.7.2 Kationenaustauschkapazität	41
3.7.3 Basensättigung	41
3.7.4 Eisendynamik	41
3.7.5 Chemismus	42
4. Ergebnisse und pedologische Deutung	44
4.1 Beschreibung der Böden	44
4.1.1 Ansprache der Profile	44
4.1.2 Mikromorphologische Charakteristika	48

4.2 Zum Ausgangsmaterial der "Red Soils"	60
4.3 Zur sedimentären Homogenität der Böden	64
4.4 Bodenchemische Kennwerte	70
4.5 Die bodenbildenden Prozesse	73
4.5.1 Die Tonverlagerung	73
4.5.2 Die Mineralverwitterungstendenzen	75
4.5.2.1 Zum Primärmineralbestand	75
4.5.2.2 Zum Tonmineralbestand	79
4.5.3 Die Rubefizierung und Eisendynamik der Böden	90
4.6 Einordnung der Böden in Klassifikationssysteme	98
5. Interpretation und Diskussion der Ergebnisse auf bodengeographischer Grundlage	100
5.1 Herkunft des Ausgangsmaterials	100
5.2 Die bodenbildenden Faktoren	101
5.2.1 Faktor Zeit	101
5.2.2 Faktor Klima	104
6. Zusammenfassung	108
7. Literatur	110
8. Summary	125

VERZEICHNIS DER TABELLEN

Tab. 1: Stratigraphie der Siwalikformationen	9
Tab. 2: Reflexe und Gewichtungsfaktoren der Mineralgruppen der Tonfraktionen	37
Tab. 3: Körnung des Ausgangsmaterials	62
Tab. 4: Chemismus des Ausgangsmaterials	63
Tab. 5: Korngrößenverteilung der Profile im Deokhuri-Tal	65
Tab. 6: Korngrößenverteilung der Profile im Dang- und Tui-Tal	66
Tab. 7: Chemismus der Profile im Deokhuri-Tal	67
Tab. 8: Chemismus der Profile im Dang- und Tui-Tal	68
Tab. 9: Vergleich von Bauschanalyse und RFA anhand ausgewählter Proben	69
Tab. 10: Bodenchemische Kennwerte der Profile aus dem Deokhuri-Tal	71
Tab. 11: Bodenchemische Kennwerte der Profile aus dem Dang- und Tui-Tal	72
Tab. 12: Geschätzte Flächenanteile (%) von "illuviation argillans" im Dünnschliff	74
Tab. 13: Kationenaustauschkapazität der Gesamttonfraktion	80
Tab. 14: Kaolinit/Illit-Verhältnis im Boden unter Bezug zum Kaolinit/Illit-Verhältnis des Ausgangsmaterials	82
Tab. 15: Kennwerte der Eisendynamik der Profile aus dem Deokhuri-Tal	92
Tab. 16: Kennwerte der Eisendynamik der Profile aus dem Dang- und Tui-Tal	93
Tab. 17: Vergleich des H/G-Verhältnisses ausgewählter Proben ermittelt durch DXRD und Mößbauer-Spektroskopie	94
Tab. 18: Vergleich gemessener Hämatitgehalte mit den nach TORRENT et al. berechneten Werten	95

VERZEICHNIS DER ABBILDUNGEN

Abb. 1: Lage des Untersuchungsgebietes in Nepal	8
Abb. 2: Korrelation der Surai Khola Polaritäts-Sequenz (PS) mit der "Geomagnetic Reversal Time Scale" (GRTS)	10
Abb. 3: Lageskizze des Untersuchungsgebietes und der ausgewählten Klimastationen	14
Abb. 4: Lage der ausgewählten Bodenprofile im Untersuchungsgebiet	15
Abb. 5: Ausgewählte Klimadiagramme Nepals	18
Abb. 6: Ausgewählte Klimadiagramme Südwest-Nepals	20
Abb. 7: Anteile der Mineralgruppen in den Profilen des Deokhuri-Tales	77
Abb. 8: Anteile der Mineralgruppen in den Profilen des Dang- und Tui-Tales	78
Abb. 9: Mineral- und Tonmineralbestand des Profils Lalmatiya (Deokhuri), nach Kornfraktionen gegliedert	83
Abb. 10: Mineral- und Tonmineralbestand des Profils Bhalubang (Deokhuri), nach Kornfraktionen gegliedert	84
Abb. 11: Mineral- und Tonmineralbestand des Profils Sampmarg (Deokhuri), nach Kornfraktionen gegliedert	85
Abb. 12: Mineral- und Tonmineralbestand des Profils Kurepani (Dang), nach Kornfraktionen gegliedert	86
Abb. 13: Mineral- und Tonmineralbestand des Profils Jingmi (Dang), nach Kornfraktionen gegliedert	87
Abb. 14: Mineral- und Tonmineralbestand des Profils Gidhniya (Tui), nach Kornfraktionen gegliedert	88
Abb. 15: Mineral- und Tonmineralbestand des Aufschlusses Babai Khola, nach Kornfraktionen gegliedert	89
Abb. 16: DXRD-Spektren des Profils Lalmatiya (Deokhuri)	96
Abb. 17: Mößbauer-Spektren des Profils Lalmatiya (Deokhuri)	97

LIST OF TABLES

Table 1: Stratigraphy of the Siwaliks	9
Table 2: Peaks and correction factors of the minerals in the clay fraction	37
Table 3: Particle size distribution of the parent material	62
Table 4: Chemistry of the parent material	63
Table 5: Particle size distribution of the profiles of the Deokhuri-Valley	65
Table 6: Particle size distribution of the profiles of the Dang- and Tui-Valley	66
Table 7: Chemistry of the profiles of the Deokhuri-Valley	67
Table 8: Chemistry of the profiles of the Dang- and Tui-Valley	68
Table 9: Comparison of wet chemical total analysis and x-ray fluorescence analysis for chosen samples	69
Table 10: Pedochemical features of the profiles of the Deokhuri-Valley	71
Table 11: Pedochemical features of the profiles of the Dang- and Tui-Valley	72
Table 12: Estimated percentage of illuviation argillans in thin sections	74
Table 13: Cation exchange capacity of the clay fraction	80
Table 14: Kaolinite/illite-quotient in the soil related to the kaolinite/illite-quotient of the parent material	82
Table 15: Features of the iron dynamics of the profiles of the Deokhuri-Valley	92
Table 16: Features of the iron dynamics of the profiles of the Dang- and Tui-Valley	93
Table 17: Comparison of hematite/goethite-relations of chosen samples investigated by either DXRD or mößbauer-spectroscopy	94
Table 18: Comparison of analyzed hematite contents to calculated contents after TORRENT et al.	95

LIST OF FIGURES

Fig. 1: Location of the investigation area in Nepal	8
Fig. 2: Correlation of the Surai Khola polarity sequence with the "Geomagnetic Reversal Time Scale" (GRTS)	10
Fig. 3: Location of the climatic stations in the investigation area	14
Fig. 4: Location of the soil profiles in the investigation area	15
Fig. 5: Climatic data and soil water balance of certain stations of Nepal	18
Fig. 6: Climatic data and soil water balance of certain stations of South West Nepal	20
Fig. 7: Mineral contents in the profiles of the Deokhuri-Valley	77
Fig. 8: Mineral contents in the profiles of the Dang- and Tui-Valley	78
Fig. 9: Mineral and clay mineral composition of the Lalmatiya profile (Deokhuri), subdivided into particle size fractions	83
Fig. 10: Mineral and clay mineral composition of the Bhalubang profile (Deokhuri), subdivided into particle size fractions	84
Fig. 11: Mineral and clay mineral composition of the Sampmarg profile (Deokhuri), subdivided into particle size fractions	85
Fig. 12: Mineral and clay mineral composition of the Kurepani profile (Dang), subdivided into particle size fractions	86
Fig. 13: Mineral and clay mineral composition of the Jingmi profile (Dang), subdivided into particle size fractions	87
Fig. 14: Mineral and clay mineral composition of the Gidhniya profile (Tui), subdivided into particle size fractions	88
Fig. 15: Mineral and clay mineral composition of the Babai Khola profile, subdivided into particle size fractions	89
Fig. 16: DXRD-spectra of the Lalmatiya profile (Deokhuri)	96
Fig. 17: Mössbauer-spectra of the Lalmatiya profile (Deokhuri)	97

1. Einleitung

NEPAL - ein Land voller Gegensätze auf engstem Raume: Von den höchsten Gipfeln der Welt bis hinunter zur Tiefebene des Ganges, vom flechtenverhangenen tropischen Bergwald bis zu den an Tibet grenzenden Trockengebieten, von der unberührten Natur der Bergwelt bis in die erstickenden Städte, von der kulturellen Vielfalt bis zum Einheitstourismus. So sehr dieses Land seine Besucher zu faszinieren vermag, so wenig ist es außerhalb seiner Grenzen bekannt. Von den Völkern, die dieses Land heute besiedeln, haben es allein die Sherpas als Bergführer und die Gurkhas als Soldaten zu einiger Berühmtheit gebracht. Die Ursprünge der nepalischen Bevölkerung und die Anfänge der Besiedlung Nepals liegen jedoch noch immer im dunkeln. Diese Unkenntnis, die bezogen auf historische Zeiträume vor allem in fehlender schriftlicher Überlieferung begründet ist, gilt gleichermaßen für ur- und frühgeschichtliche Kulturen.

Die ältesten Spuren menschlicher Gegenwart wurden erst vor wenigen Jahren im Rahmen eines DFG-Projektes im Süden des Landes von Dr. Corvinus vom Institut für Ur- und Frühgeschichte der Universität Erlangen entdeckt (CORVINUS 1985a; 1985b; 1985c). Dieser erste Nachweis einer prähistorischen Besiedlung Nepals konnte durch zahlreiche Fundstellen vor allem in den intramontanen Becken Deokhuri und Dang im Südwesten des Landes belegt werden (s. Abb. 1, S. 8). Ein weiteres Gebiet archäologischer Fundplätze wird von CORVINUS (1985b) an Flußterrassen des aus den Siwaliks in die Ganges-Tiefebene tretenden Kamla Nadi in Südost-Nepal erwähnt, das offenbar den aus Nordwest-Indien beschriebenen Plätzen der "Soan-Kultur" sehr ähnlich ist. BURMAN (1981) erwähnt mindestens zwei steinzeitliche Industrien seit dem mittleren Pleistozän in den Siwaliks des Westhimalayas. Eine Verbindung zu den Artefakten Südwest-Nepals konnte weder stratigraphischer noch inventarieller Art gezogen werden. Bemühungen, archäologische Funde auch im Kathmandu-Tal oder dem Chitwan-Dun zu machen, führten bislang zu keinem Erfolg (CORVINUS 1985a).

Etliche der Artefakte im Südwesten Nepals konnte sie als Faustkeile oder Schneidwerkzeuge identifizieren. Besonders charakteristisch ist nach Corvinus ein von ihr als paläolithisch angesprochener "corescraper", der regelmäßig in Verbindung mit makrolithischen Bruchstücken der Bearbeitung vorkommt und in der Regel aus Quarzit besteht. An anderen Stellen fand sie überwiegend mikrolithische Elemente aus verschiedenen Materialien (Quarze, Quarzite, weitere Silicate, tuff-ähnliches Material), die sie zu dem Schluß führten, daß es hier mehrere prähistorische Kulturperioden, auch neolithische, gegeben haben muß. Besonders deutliches Beispiel waren zwei polierte Steinäxte, von denen eine erstmals in-situ gefunden wurde, in einer mehrere Meter mächtigen, schluffreichen Sedimentschicht am Südrand des Dang, die durch rezente Erosion stark zerklüftet war. Da alle von Corvinus beschriebenen Artefakte des Deokhuri und Dang regelmäßig in diesen Sedimentschichten oder den auf ihnen gebildeten "Red Soils" gefunden wurden und die zeitliche Eingrenzung der entsprechenden frühgeschichtlichen Kulturen bislang nicht gelungen ist, führte dies zu dem Gedanken, durch bodengeographische Untersuchungen einen Hinweis auf die Landschaftsgeschichte zu erhalten und damit möglicherweise auf die Lebensbedingungen und den zeitlichen Rahmen der von ihr beschriebenen Kulturen.

Aus diesen Überlegungen entstand im Rahmen eines weiteren DFG-Projektes die Zusammenarbeit von Prof. Freund und Dr. Corvinus vom Institut für Ur- und Frühgeschichte der Universität Erlangen mit Prof. Bronger vom Geographischen Institut der Universität Kiel. Auf einer gemeinsamen Expedition von Dr. Corvinus, Prof. Bronger und dem Verfasser in Südwest-Nepal konnten mehrere charakteristische "Red Soils" beprobt werden, die in unmittelbarer Nähe der archäologischen Fundstellen lagen und dem Verfasser als Grundlage seiner Arbeit dienten. Ziel dieser Arbeit ist es, einerseits einen Beitrag zur Frage der Genese der Böden zu leisten, andererseits im Sinne einer "genetischen Bodengeographie" (BRONGER 1976: 80 ff.) einen Beitrag zur Rekonstruktion der Klima- und Landschaftsgeschichte Südwest-Nepals zu liefern. Vor diesem Hintergrund wird versucht, aus Richtung und Intensität der Verwitterung, charakterisiert anhand der Veränderung verschiedener Parameter im Bodenprofil, auf die Verwitterungsbedingungen rückzuschließen. Äußerst hilfreich für eine derartige Interpretation wäre die Bestimmung des Alters der Böden gewesen, doch die Bearbeitung der zu diesem Zweck an zwei Fachlaboratorien für Thermolumineszenz(TL)-Messungen übergebenen Proben konnte leider nicht rechtzeitig abgeschlossen werden. Die Untersuchungen der vorliegenden Arbeit erstreckten sich auf mikromorphologische, pedochemische, mineralogische und vor allem tonmineralogische Aspekte.

Aus bodengeographischer Sicht ist diese Zusammenarbeit mit der Archäologie auch deshalb von besonderem Interesse, weil durch die steinzeitlichen Funde in den Böden ein bestimmtes Mindestalter vorausgesetzt werden kann und somit die Ansprache des Ausmaßes von pedogenen Prozessen generelle Schlußfolgerungen über zeitliche Vorstellungen tropischer Verwitterung zuließe. HOLLIDAY (1989) weist auf die Gemeinsamkeiten von Arbeitsbereichen der Archäologie, Paläopedologie und Quartärgeologie hin, die sich ursprünglich auf rein stratigraphische Fragestellungen beschränkten, sich dann aber auf Altersdatierungen, Paläolebensräume und den Einfluß des prähistorischen Menschen auf die Landschaft ausdehnten. Vor allem anhand von Beispielen aus Nordamerika zeigt HOLLIDAY den Nutzen, den archäologische Untersuchungen aus korrelierbaren, eingehend analysierten und datierten Paläoböden ziehen konnten. Zudem deuten Mächtigkeit eines Profils oder der Verwitterungsgrad eines Bodens auf die Stabilität der ehemaligen Landschaft, sowie gekappte Profile auf Erosionsprozesse.

An diesem Punkt des Wechsels von stabiler Landoberfläche zu Degradierungserscheinungen befinden sich auch die intramontanen Becken Südwest-Nepals, in denen die roten Böden noch vorgefunden und beprobt wurden. Darum soll über das ursprüngliche Ziel der Arbeit hinaus in Kap. 2.5 versucht werden, die rezente Morphodynamik und ihren Ursachenkomplex zu charakterisieren, da sie in einer starken Degradierung der beschriebenen Landschaft besteht und somit einen gravierenden Bruch in der aufgezeigten Entwicklungstendenz der Böden und des gesamten Ökosystems darstellt.

2. Faktoren der Morphodynamik und Bodenbildung sowie ihre regionale Differenzierung

2.1 Geologischer Aufbau

Das Staatsgebiet Nepals stellt lediglich einen Ausschnitt des Himalaya-Gebirgssystems dar, welches als typisches Kettengebirge auf die Kollision der indischen Platte mit der asiatischen Platte zurückzuführen ist. Dieser zu den eindrucksvollsten Erscheinungen der Plattentektonik zählende Prozeß ist immer noch nicht abgeschlossen, da auch heute noch der indische Subkontinent mit einer Geschwindigkeit von 2 cm/Jahr (KASSENS & WETZEL 1989) bis 5 cm/Jahr (MOLNAR 1986) nach Norden drückt, und nach GANSSER (1986) zu einer Hebungsrate von durchschnittlich 6-7 mm/a im Hochhimalaya führt. Als erster Wissenschaftler, der eine geologische Bestandsaufnahme Nepals durchführte, bekannte sich HAGEN (1959) schon zur Theorie der Kontinentaldrift, lange bevor diese in Wissenschaftskreisen Anerkennung fand.

Der indische Subkontinent gehört zu den präkambrischen Schilden, die seit über 600 Millionen Jahre nicht signifikant tektonisch überprägt worden sind. Er ist in seinen zentralen und südlichen Teilen auch von keinen Sedimentschichten überdeckt, so daß dort über 3 Milliarden Jahre alte Gesteinsformationen auftreten, die zu den ältesten der Erde gehören (RAITH et al. 1982; MOLNAR 1986). Der Norden Indiens wurde bereits im frühen Paläozoikum, also noch vor der Bildung Pangäas, von einer für Flachmeere typischen Sequenz von Sedimentgesteinen bedeckt, welche heute zum Teil noch die Gipfel des Himalaya bedecken (THAKUR 1981). Seit Aufbrechen Pangäas vor ca. 180 Millionen Jahren wird Indien, das nach der modifizierten Theorie der Plattentektonik als ein einziges Terran angesehen wird (HOWELL 1986), nach Norden geschoben, wobei sich mesozoische Sedimente über die paläozoischen Sedimente lagerten (GANSSER 1964; LE FORT 1975). Noch lange vor der Kollision der indischen und der asiatischen Platte, etwa zur Zeit des Jura, sollen mehrere kleinere Terrane, die ebenfalls von Gondwana abstammten, an dem Südrand Laurasiens angelagert worden sein, die heute in etwa das Gebiet Iran, Afghanistan, Nordpakistan und Südtibet ausmachen (SMITH et al. 1981; NUR & BEN-AVRAHAM 1986).

Die Kollision Indiens mit Asien begann im Alttertiär, nachdem die gesamte ozeanische Kruste der Tethys unter Abscherung von Ophioliten, deren Ursprung nach NICOLAS (1981) eindeutig dem Tethysmeer zuzuordnen ist, unter die kontinentale Kruste Tibets subduziert worden war. Heute bilden diese Ophiolite einen schmalen Gürtel in den Tälern des Indus und Tsangpo im südlichen Tibet (MOLNAR & TAPPONIER 1977). Während die

Sedimentgesteine des nördlichen Kontinentalschelfes Indiens abgeschert, gestaucht und gefaltet wurden, schoben sich jetzt auch Teile der kontinentalen Kruste unter den Südrand Tibets, die sowohl zu einer Krustenverdickung als auch einer Hebung des Gebietes führten. Der fortwährende Druck der indischen Platte führte zweimal zu einer Überschiebung der bereits sich hebenden Bereiche auf das nachrückende Gestein entlang der beiden Verwerfungslinien "Main Central Thrust" und "Main Boundary Fault". MOLNAR & TAPPONIER (1975) gehen von etwa 300-400 km überschobener Kruste aus. Zum einen gelangten hierdurch präkambrische hochmetamorphe Gesteine in die unmittelbare Nähe relativ junger mesozoischer Sedimente bzw. schwach metamorpher Gesteine in Gebieten starker Erosion, zum anderen führte die Überschiebung zu einer weiteren Krustenverdickung, die die einzigartige Höhe der Gebirgskette begründet. Über der "Main Central Thrust", die nach SELBY (1988) vor etwa 10-20 Millionen Jahren inaktiv wurde, erhebt sich der Hochhimalaya, die "Main Boundary Fault" stellt die Südgrenze der "Mahabharat Range" dar. Parallel zur Hebung des Himalaya bedingte die Krustenverdickung durch ihr enormes Gewicht ein Absinken des nordindischen Plattenrandes um 4-5 km und öffnete auf diese Weise das Indus-Ganges-Becken, das kontinuierlich von den ungeheuren Mengen erodierten Materials des sich hebenden Gebirges angefüllt wurde und dieses über den Golf von Bengalen bis in den Indischen Ozean weiterleitete (LYON-CAEN & MOLNAR 1985). Hierbei entstand der Bengal-Tiefseefächer, der vom Ganges-Delta aus über 3000 km weit in den Indischen Ozean hineinreicht, bis zu 16 km mächtig ist und dessen terrigener Sedimentationsbeginn auf ein Alter von etwa 25 Millionen Jahre datiert worden ist (KASSENS & WETZEL 1989). Demgegenüber sieht GANSSER (1964) den Sedimentationsbeginn in der Indus-Ganges-Depression im mittleren Miozän, also vor etwa 15 Millionen Jahren.

Das Indus-Ganges-Becken, in seiner Entstehung und Funktion dem Molassebecken der nordwestlichen Schweiz vergleichbar, ist im weiteren Verlauf der Kollision an seinem Nordrand ebenfalls gestaucht und gefaltet worden. Der so entstandene Gebirgszug wird nach der hinduistischen Gottheit der Zerstörung "Shiva" und den nach ihr benannten "Siwalik Hills" nordwestlich der indischen Stadt Hardiwar als "Siwalik-Gruppe" oder "Siwaliks" bezeichnet (Lekh = Gebirge). Im Vergleich zu den Verhältnissen der Alpen scheinen GANSSER (1964) die Sedimentmassen der Siwaliks einschließlich der heute von der "Mahabharat Range" und den alluvialen Gangesablagerungen überdeckten Bereiche erstaunlich gering gemessen am Volumen des entstandenen Gebirges. Möglicherweise hat er hier die Trübeströme unterschätzt, die zur Bildung des Bengal-Tiefseefächers führten. Die Siwaliks weisen fast auf ihrer gesamten Länge eine Dreiteilung in Lower, Middle und Upper Siwaliks auf, mit einer in sich relativ homogenen

Schichtung, was angesichts des fluvialen Ursprungs des etwa 5000 m dicken Sedimentpaketes eine durchaus bemerkenswerte Tatsache darstellt. Die ursprüngliche Fließrichtung des alten Siwalikflusses (auch "Indobrahm" genannt), der alle Gewässer des Tsangpo, Brahmaputra, Ganges und Indus aufgenommen haben soll, war genau entgegengesetzt der heutigen, nämlich von Assam aus nach Nordwesten bis zum Hindukusch und von dort etwa dem Verlauf des heutigen Indus folgend (PILGRIM 1913, zit. nach HAGEN 1959). Diese Hypothese ist jedoch nur schwer in Einklang zu bringen mit den Ergebnissen und Datierungen der Forschungen am Bengal-Tiefseefächer (KASSENS & WETZEL 1989), die sogar auf eine frühere als bisher vermutete Himalaya-Orogenese hindeuten.

Die in Tab. 1 (S. 9) aufgeführte Stratigraphie der Siwaliks (nach WADIA 1985:342) beschreibt die Formation der Lower Siwaliks als überwiegend rote, z.T. auch purpurne Schiefertone oder Tone mit wenigen grauen Sandsteinschichten und Pseudokonglomeraten. Die Schichten der Middle Siwaliks sind meist massive graue und helle Sandsteinbänke, es treten nur noch wenige Schiefertone oder Tonlagen auf, die dann wiederum rot gefärbt sind. Die Upper Siwaliks bestehen fast ausschließlich aus mehreren hundert Meter mächtigen Geröllkonglomeraten mit einigen zwischengeschalteten Sandsteinen und Kieslagen. Diese allgemeine Gliederung der Siwalikablagerungen stimmt sehr gut mit der wesentlich detaillierteren lithologischen Stratigraphie von CORVINUS (1988) überein (s. Abb. 2, S. 10), die südlich des Deokhuri-Duns entlang einer neugebauten Straße, des Mahendra-Highways (s. Abb. 3, S. 13), einen Aufschluß über 5,5 km geologisch kartieren konnte. Die Mächtigkeit dieses Aufschlusses erklärt sich durch das hier sehr steile Einfallen (60-70°) der Schichten. Die zeitliche Zuordnung der Sedimentschichten wurde von RÖSLER (1990) anhand magnetostratigraphischer Untersuchungen hergestellt, die von 4,79 bis 11,47 Millionen Jahren B.P. eine recht sichere Korrelation zur "Geomagnetic Reversal Time Scale" (GRTS) aufweisen, einer Standard-Polaritäts-Zeit-Skala nach HARLAND et al. (1982). RÖSLER kommt dabei weiterhin zu dem Schluß, daß die jüngsten Sedimente, grobe Geröllkonglomerate, mit sehr hoher Wahrscheinlichkeit der Matuyama-Epoche entstammen (0,73-2,48 Millionen Jahre B.P.) und keinesfalls jünger sein können.

Eine mineralogische und tonmineralogische Untersuchung ausgewählter rubefizierter und z.T. diagenetisch veränderter Schichten dieses Aufschlusses liefert WINTER (1991). Sie kommt dabei aufgrund eindeutig belegbarer pedogener Prozesse zu dem Ergebnis, daß diese Schichten Paläobodensedimente darstellen. Ihr geringer Gehalt an Mineralneubildungen deutet auf relativ kurze Bodenbildungsphasen hin, deren zeitliche Eingrenzung und klimatische Charakterisierung trotz der polygenetischen Bildung des möglicherweise sogar mehrfach umgelagerten Materials aufgrund der magnetostratigraphischen Datierungen RÖSLERs (1990) möglich ist. Das Auftreten sekundärer Calcite in einigen Schichten weist auf ein zumindest zeitweise semiarides Klima hin.

BERNER (1969) billigt solchen "Red Beds" keine Indikatorfunktion für trocken-heiße Bedingungen während ihrer Ablagerung oder Verwitterung zu. Er behauptet, daß die Hämatitbildung sehr wohl diagenetischer Natur sein kann, da die Grenztemperatur, bis zu der Goethit stabiler ist im Gleichgewicht zu Hämatit und Wasser, bei max. 40° C liegt; insofern sei nach BERNER auch die Nützlichkeit solcher Hämatite für Messungen der Polarität sehr begrenzt. Dieser Vorgang ist bei den "Red Beds" der Siwaliks wohl weniger zu unterstellen, da RÖSLER (1990:36 u. 59) Hämatit in ihnen als Träger einer stabilen Sedimentationsremanenz identifizieren konnte und von keiner chemoremanenten Magnetisierung berichtet, die bei einer Hämatitbildung im Sinne BERNERs vorhanden sein müßte.

Nach GANSSER (1964) weisen die Lower und Middle Siwaliks noch erhebliche Anteile erodierten Materials auf, dessen Ursprung nicht der sich hebende Himalaya ist, sondern die Berge am Nordrand Indiens. Dem widerspricht CHAUDHRI (1975) mit der Begründung, daß keine hochgradig metamorphen Minerale (z.B. Staurolith, Epidot, Chlorit, Sillimanit) in den Siwalikablagerungen zu finden sind.

Sowohl das Deokhuri- als auch das Dang-Dun liegen in einem der Siwalikbereiche, die nach HAGEN (1959) eine besonders große Mächtigkeit der Upper-Siwalik-Konglomerate aufweisen und deshalb von ihm den Stellen zugeordnet werden, an denen während der Formation der Siwaliksedimente die großen Himalayaflüsse, in diesem Falle der Ur-Kali-Gandaki, in den "Indobrahm" mündeten. Diese Ansicht wird gestützt durch den Befund RÖSLERs (1990:58), daß die Sedimentakkumulationsrate der Siwaliks in diesem Bereich von ca. 20 cm/1000 a der Lower Siwaliks auf ca. 40 cm/1000 a der Upper Siwaliks angestiegen ist. Während das Deokhuri-Tal an Nord- und Südseite von Siwalikzügen begrenzt wird, reicht das Dang-Tal im Norden bereits an die "Main Boundary Fault" und damit an die "Mahabharat Range" heran.

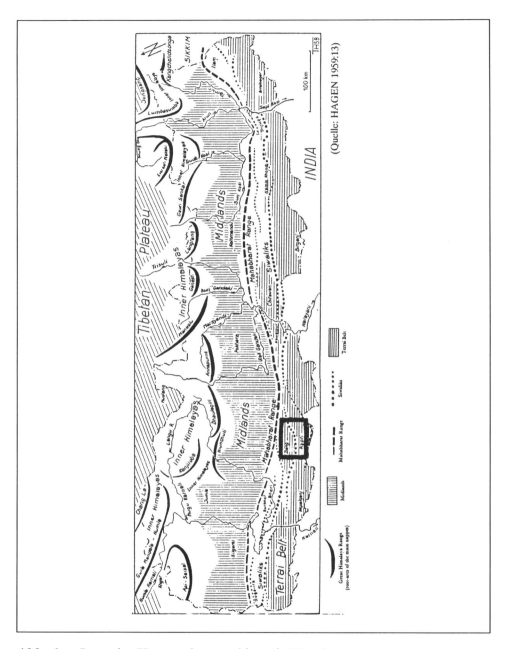

Abb. 1: Lage des Untersuchungsgebietes in Nepal
Fig. 1: Location of the investigation area in Nepal

Tab. 1: Stratigraphie der Siwalikformationen (verändert nach WADIA 1985:342)
Table 1: Stratigraphy of the Siwaliks

	Upper Siwaliks (1800-2750 m)	
Boulder-conglomerate zone:	Coarse boulder conglomerates, thick	Lower Pleistocene
Elephas namadicus, Equus, Camelus,	earthyclays, sands, and pebbly grilt,	to lower Pliocene
Buffelus palaeindicus	passing up into older alluvium. Richly	
Pinjor zone:	fossil ferous in the Siwalik hills.	
Elephas planifrons, Hemibos, Stegodon		
Tatrot zone:		
Hippophyrus, Leptobos		
	Middle Siwaliks (1800-2500 m)	
Dhok Pathan zone:	Grey and white sandstones and sandrock	Pontian to middle
Stegodon, Mastodon, large	with shales and clays of pale and drab	Miocene
Giraffoides, Sus, Merycocopotamus	colours.	
	Pebbly at top. The richest Siwalik fauna	
	occurs in the Salt-Range.	
Nagri zone:	Massive thick grey sandstones with fewer	
Mastodon, Hipparion, Prostegodon	shales and clays, mostly red coloured.	
	Lower Siwaliks (1200-1500 m)	
Chinji stage:	Bright red nodular shales and clays with	Middle Miocene,
Listriodon, Amphycion, Giraffokerix,	fewer grey sandstones and pseudo-	Tortonian
Tetrabelodon	conglomerates. Unfossilferous in the	
	Siwalik-hills (Nahans).	
Kamlial stage:	Dark, hard sandstones and red and purple	Helvetian
Aceratherium, Telmatodon,	shales and pseudo-conglomerates.	
Anthropoids, Hyoboops	Fossilferous in the Punjab.	

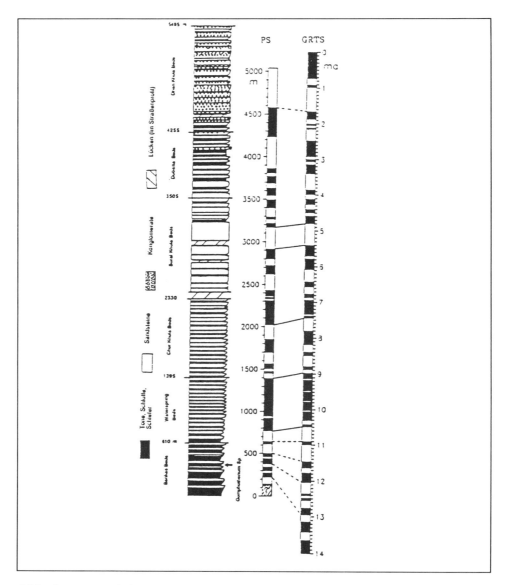

Abb. 2: Korrelation der Surai Khola Polaritäts-Sequenz (PS) mit der "Geomagnetic Reversal Time Scale" (GRTS) nach RÖSLER (1990:56)

Fig. 2: Correlation of the Surai Khola polarity sequence with the "Geomagnetic Reversal Time Scale" (GRTS) after RÖSLER (1990:56)

2.2 Überblick über die physiographische Gliederung Nepals. - Morphologische Position der ausgewählten Bodenprofile

Die morphologische Gliederung des heutigen Nepal spiegelt die geologischen und tektonischen Prozesse recht genau wider. Nepal läßt sich vollständig in WNW-OSO verlaufende Streifen geologisch einheitlicher Herkunft und geomorphologisch einheitlicher Ausprägung unterteilen.

Der nördlichste Streifen ist der bis auf wenige Ausnahmen im Nordwesten auch die nördliche Landesgrenze bildende Hochhimalaya, dessen schneebedeckte Achttausender ein an klaren Tagen auch von der südlichen Landesgrenze zu erblickendes phantastisches Panorama bilden. Er wird von mehreren Flüssen tief durchschnitten, bis zu einem Niveau von 1000-2000 m, deren Ursprung in Tibet liegt und die demnach als antezedente Flüsse bezeichnet werden müssen. Die Ursache hierfür, daß die natürliche Wasserscheide nicht vom Himalaya sondern vom tibetischen Randgebirge gebildet wird, ist darin zu sehen, daß die Hebung Tibets bereits im Eozän begann, also noch vor der Hebung des Himalaya. An wenigen Stellen, wie z.B. im Gebiet von Mustang und auch weiter westlich, reicht Nepal weiter nordwärts bis in den "Inneren Himalaya", den die Hochtäler zwischen der Hauptkette und dem tibetischen Randgebirge bilden, die eine mittlere Höhe von 2400-5000 m besitzen. Sie stellen klimatisch die Übergangszone vom nordindischen Monsungebiet zum trockenen Hochplateau von Tibet dar, mit "Urwäldern im Süden und Steppen im Norden" (HAGEN 1980).

Südlich des Hochhimalayas erstreckt sich bis zur "Mahabharat Range" das nepalische Mittelland, der am frühesten und dementsprechend am dichtesten besiedelte, landwirtschaftlich gut nutzbare Teil Nepals. Diese zwischen 60 und 100 km breite Zone weist auf Höhen von 600-2000 m recht weiche, eher hügelige als bergige Geländeformen auf. Sie wird von FRANZ & MÜLLER (1978:199) als "von rotem Boden bedeckte Altlandschaft" charakterisiert, die aufgrund junger Tektonik stark überprägt ist. Sie weist einerseits starke Erosionserscheinungen auf, andererseits mächtige Schotterauflagerungen, die das darunterliegende Altrelief als mindestens letztinterglazial kennzeichnen (FRANZ 1976). Das Mittelland wird durch die weiten Täler der Flüsse und einige Höhenzüge in mehrere große Becken unterteilt, die wohl überwiegend ehemalige Seen darstellen aus der Zeit der Hebung der "Mahabharat Range", wie beispielsweise der Kathmandu-See und das Pokharabecken (HAGEN 1980; FRANZ & MÜLLER 1978).

Die metamorphen Gesteine der "Mahabharat Range" bilden eine im Mittel 2500 m hohe Bergkette, die südliche Begrenzung der überschobenen Deckschichten. Auf den vereinzelten Carbonatgesteinen finden sich z.T. noch Reste alter Bodendecken (FRANZ 1976).

Die gefaltete Molasse des Himalayas, die Siwaliks, bilden aufgrund des Wechsels von harten und weicheren Sedimenten eine Schichtrippen-Landschaft (HAGEN 1980), deren Höhe meist 1000-1500 m beträgt; lediglich im Westen Nepals reichen einzelne Gipfel bis 2000 m. Eingeschlossen in die Siwaliks bzw. zwischen Siwaliks und "Mahabharat Range" sind einige intramontane Becken, sogenannte Duns, die von manchen Autoren auch als inneres Terai bezeichnet werden (z.B. DONNER 1972). Diese Bezeichnung ist nach Ansicht des Verfassers etwas irreführend, da sich die Duns sowohl klimatisch als auch vor allem in ihrer Entstehung vom Terai unterscheiden. BREMER (1971:40 ff.) definiert intramontane Becken als "Ausräume, die allseitig von Höhen eingerahmt werden", und betont ihre häufige Anlehnung an Hauptverwerfungen. Anhand eines Beispiels aus Zentralaustralien begründet sie die Entstehung der Täler durch flächenhafte Ausräumung, nicht durch Seitenerosion sie durchziehender Flüsse, wofür sie als Beleg die Existenz von querenden Flüssen anführt. Primäre Ursache dieser flächenhaften Ausräumung ist nach BREMER (1975) eine "divergierende Verwitterung und Abtragung" von aufgrund ihrer morphologischen Lage länger durchfeuchteten Gebieten, wozu lithologische Differenzen unterstützend hinzukommen können. Inwieweit dieses Konzept, das an BÜDELs (1965; 1986) Modell der Flächenbildung erinnert, auf die intramontanen Becken der Himalayaregion anwendbar ist, mag dahingestellt bleiben; auf die Kritik an BÜDELs Modell sei an dieser Stelle nur hingewiesen (s.u.a. BRONGER 1985; BRUHN 1990). Die Hypothese von CORVINUS (1985b), daß es sich bei den Duns in Analogie des bis ins Spätpleistozän von einem See angefüllten Kathmandubeckens (FRANZ & KRAL 1975) auch um ehemalige Seen handelt, findet in der einschlägigen Literatur keine Bestätigung, kann jedoch auch nicht widerlegt werden. Die ursprünglich vollständig von tropischem laubabwerfenden Wald bedeckte Siwalikzone ist bis auf die Duns fast unbesiedelt.

Zwei dieser intramontanen Becken, das Deokhuri- und das Dang-Dun, waren Ziel der in Kap. 1 genannten Forschungsreise. Die Bezeichnung des Deokhuri-Duns als Rapti-Dun (z.B. HAGEN 1980) sollte nach Ansicht des Verfassers möglichst vermieden werden, da sie schnell zur Verwechslung mit dem Chitwan-Dun führen kann, welches von einigen Autoren ebenfalls als Rapti-Dun bezeichnet wird (z.B. SCHWEINFURTH 1957; HAFFNER 1979).

Die Täler befinden sich in Südwest-Nepal, unweit der indischen Grenze (s. Abb. 1 und Abb. 3, S. 8). Ihre Längsstreckung orientiert sich an der WNW-OSO-Richtung der Siwalikketten. Das Dang-Tal erstreckt sich von 27°58' bis 28°12' nördlicher Breite und 82°02' bis 82°35' östlicher Länge, das Deokhuri-Tal von 27°45' bis 27°56' nördlicher Breite und 82°15' bis 82°45' östlicher Länge. Das Dang-Tal ist um etwa 1-1,5% nach Südwesten geneigt und umfaßt auf einer Höhe von 550-700 m über NN etwa 600 km², das

Deokhuri-Tal weist keine Neigung auf und erreicht bei einer Höhe von 250-300 m über NN etwa eine Fläche von 350 km^2 (TOPOGRAPHICAL SURVEY BRANCH 1982).
Die im Rahmen dieser Arbeit beprobten und untersuchten "Red Soils" bildeten sich auf mächtigen (ca. 10 m), gelblichen, schluffig-lehmigen Sedimenten am Hangfuß der die Becken umrahmenden Siwalikzüge (s. Abb. 4, S. 15), z.T. - wie im Falle des Profils Bhalubang (Deokhuri) - von mehreren Metern Schotter unterlagert. Obwohl sie aufgrund der enormen "gully erosion" nur noch an wenigen Stellen dieser "badland"-Landschaft vorzufinden waren, kann davon ausgegangen werden, daß sie hier die typische Bodenbildung darstellen und ursprünglich - wahrscheinlich bis in dieses Jahrhundert (s. Kap. 2.5.1) - eine geschlossene Bodendecke bestanden hat.

Die Profile Bhalubang und Sampmarg befinden sich unmittelbar in dem Bereich, in dem der Rapti Khola (Khola = Fluß) in das Deokhuri eintritt und dieses sich nach Westen hin zu öffnen beginnt. Das Profil Bhalubang liegt nördlich des Flußlaufes, das Profil Sampmarg einige hundert Meter flußaufwärts auf der Südseite. Bei beiden Profilen liegt die Geländeoberfläche etwa 15-20 m über dem heutigen Flußniveau. Das Profil Lalmatiya befindet sich wenige km weiter westlich am Nordrand des Deokhuri; es läßt den Charakter einer ehemals ebenen, ausgedehnteren Fläche noch gut erkennen, stellt aber nur noch einen Rest derselben dar. Der Abstand dieser Restfläche zum heutigen Flußlauf beträgt etwa 2 km. Die Profile des Dang, Jingmi und Kurepani, befinden sich am Südrand des Beckens, ebenfalls einige Meter über dem heutigen Niveau des Babai Kholas, der zwischen ihnen und den Siwalikhängen fließt. Einige km flußabwärts wurden die ausgeprägtesten "badlands" dieser Gegend vorgefunden, mit zahlreichen Erosionsschluchten und großflächig ausgeräumten Bereichen von 10-15 m Tiefe. Das Tui, das nur einen Bruchteil der Fläche der beiden anderen Duns ausmacht, wird nicht als Flußtal angesehen, sondern ebenfalls als intramontanes Becken bezeichnet (CORVINUS 1989, mdl. Mitt.). Das an seinem Nordrand nur wenige km vor Einmündung in das Dang-Tal liegende Profil Gidhniya unterscheidet sich in seiner Höhe über dem rezenten Flußniveau und dem Ausmaß der Erosion kaum von den anderen Profilen.

Das südlich an die Siwaliks anschließende Terai ist der Anteil Nepals an der Ganges-Ebene, deren holozäne fluviale Sedimente die südlichsten Siwalikformationen überdecken, wodurch es zu einem sehr abrupten Übergang der kaum geneigten etwa 200 m hohen Tiefebene zu den schräg einfallenden Schichten der Siwaliks kommt. Im Bereich der aus den Siwaliks austretenden großen Flüsse kommt es zu mächtigen torrentenähnlichen Akkumulationen. WEIDNER (1981) beschreibt ihren Aufbau durch monsunbedingte gewaltige temporäre Sedimentführung und, durch Hebung der Siwaliks gegenüber dem

Vorland bedingte Gefällsknicke im Längsprofil der Flüsse, als ein von Sanden, Kiesen und Blöcken gebildetes Substrat, das von einer dünnen Hochflutlehmdecke aus sandig-schluffigem Material überdeckt wird. Nach Süden wird diese Decke mächtiger, und das unterliegende Material feiner. Dieser sehr schmale Gürtel am Fuße der Siwaliks (bhabar zone) stellt einen ausgesprochen trockenen Standort dar, der zumindest in seinen nördlichen Bereichen für landwirtschaftliche Nutzung ungeeignet ist. Auf den jungen Alluvien haben sich nach SIDHU et al. (1976, zit.n. SIDHU & GILKES 1977) je nach Alter bzw. Entfernung vom rezenten Flußlauf Entisols und Alfisols gebildet.

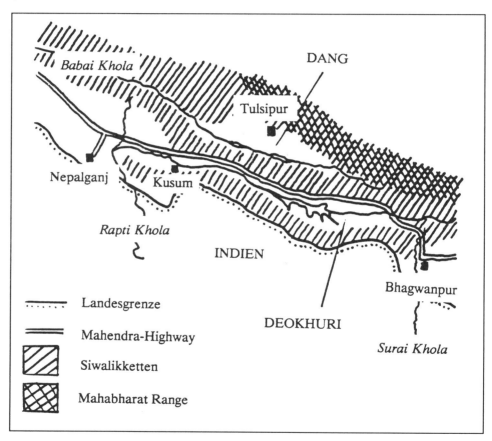

Abb. 3: Lageskizze des Untersuchungsgebietes und der ausgewählten Klimastationen (1:1,2 Mill.)
Fig. 3: Location of the climatic stations in the investigation area (1:1,2 mill.)

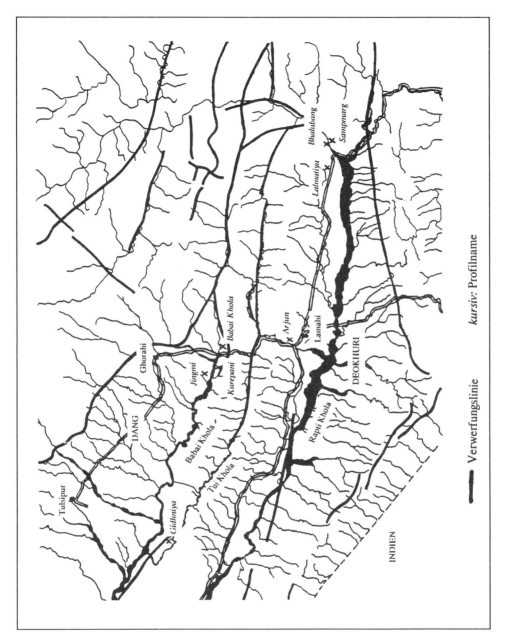

Abb. 4: Lage der ausgewählten Bodenprofile im Untersuchungsgebiet (1:350 000)
Fig. 4: Location of the soil profiles in the investigation area (1:350 000)

2.3 Klima und Bodenwasserhaushalt

Das Klima Nepals ist gemessen an der kleinen Landesfläche ausgesprochen heterogen, bedingt durch die vom Himalaya gebildete Wetterscheide, und weist aufgrund der spezifischen topografischen Gegebenheiten etliche lokale Besonderheiten auf. Sein Grundmuster wird geprägt durch die Sommer- und Winter-Monsunsysteme Asiens (s.u.a. FLOHN et al. 1970; FLOHN 1971).

Der den indischen Subkontinent beherrschende vom Arabischen Meer herrührende Südwest-Monsun wirkt sich zu einem erheblichen Teil bis Nepal aus; einen ebenso starken Einfluß üben aber auch die niederschlagreichen Depressionen aus, die sich über dem Bengalischen Meer als Südost-Monsun bilden (MANI 1981). Dementsprechend erhält der östliche Landesteil mit ca. 3000 mm durchschnittlichem Jahresniederschlag länger anhaltende und intensivere Sommerniederschläge als der westliche mit ca. 1500 mm. Die Gebiete nördlich der Himalayahauptkette sind bis auf die den Durchbruchstälern angrenzenden Bereiche vom Sommermonsun abgeschnitten und weisen demzufolge ein arides Klima auf (ca. 100 mm durchschnittlicher Jahresniederschlag).

Im Winter herrschen trockene kalte Winde aus nordöstlicher Richtung vor, die gelegentlich von atlantischen Tiefausläufern unterbrochen werden. Im westlichen Teil des Himalaya machen diese Winterregen einen beträchtlichen Anteil des Jahresniederschlages aus, im zentralen Himalaya, zu dem auch Nepal gehört, ist ihr Einfluß von untergeordneter Bedeutung. Der Rückgang der atlantischen Tiefausläufer und zunehmende zum Teil sehr heftige Gewitterstürme bestimmen die vormonsunale Jahreszeit.

In der vegetations- und jahreszeitenorientierten Klimaklassifikation von TROLL & PAFFEN (1964) findet sich Nepal demzufolge in der Gruppe der "tropisch-sommerhumiden Feuchtklimate" (V2). Die auf oberstem taxonomischen Niveau thermisch determinierte Klassifikation von KÖPPEN (1931) stellt Nepal in die Gruppe der "warmen wintertrockenen Klimate mit Ganges-Typus des Temperaturverlaufes" (Cwg). Unter Ganges-Typus versteht KÖPPEN, daß das Temperaturmaximum vor dem Maximum der Sommerniederschläge erreicht wird. Die Gebirgsregionen werden in die Gruppen des "Klimas ewigen Frostes" (EF) und - etwas unglücklich - des "Tundrenklimas" (ET) gestellt. WALTER (1990) ordnet in seinem zonalen Konzept der Gliederung der Ökosphäre in Zonobiome den südlichen Teil Nepals dem "Zonobiom des humido-ariden tropischen Sommerregengebietes mit laubabwerfenden Wäldern" (ZBII) zu und weist den Himalaya aufgrund seiner Funktion als Klimascheide als "interzonales Orobiom" aus. Die effektiven Klimaklassifikationen (KÖPPEN 1931; TROLL & PAFFEN 1964) sind für angewandte Fragestellungen, wie z.B. in der Bodenkunde, wesentlich aussagefähiger als genetische

Klassifikationen (v.a. HETTNER 1930; FLOHN 1957; KUPFER 1954), zumal jene gerade im Bereich der Monsunklimate noch sehr unbefriedigend sind (BLÜTHGEN & WEISCHET 1980:650).

Für die Darstellung der Klimadaten ausgewählter Stationen wurde in Anlehnung an THORNTHWAITE (1948) der Jahresgang der klimatischen Bodenwasserbilanz gewählt. Diese Form der Diagramme erschien aus pedogenetischer Sicht, u.a. durch den Bezug zum "soil moisture regime" der amerikanischen Soil Taxonomy (SOIL SURVEY STAFF 1975), sinnvoller als die von WALTER (1990) beschriebenen und im Klimaatlas von WALTER & LIETH (1960) verwendeten Diagramme, die zwar ausführlichere Angaben zur ökologischen Standortbeurteilung enthalten, aber deren Wasserbilanz lediglich durch einen aus Untersuchungen im mediterranen Bereich abgeleiteten Skalenabgleich von 10°C zu 20 mm potentieller Evapotranspiration (ET_p) charakterisiert wird. Die Berechnung der Bodenwasserbilanzen erfolgte anhand des Newhall Simulation-Modells (NSM) (VAN WAMBEKE 1985), die aktuelle Evapotranspiration (ET_a) wurde nach der einfachen Annahme von THORNTHWAITE (1948) berechnet, daß sich $ET_a/ET_p = WC_a/AWC$ verhält (WC_a=actual water capacity, AWC=available water capacity). Das NSM geht bei seiner Kalkulation von der gerade im Monsunklima durchaus realistischen Annahme aus, daß die Hälfte der Monatsniederschläge in einem Starkregen fällt, während die andere Hälfte als über den Monat verteilter Dauerregen niedergeht. Die AWC kann je nach Bodenverhältnissen von 0-400 mm variiert werden, die Definition des "soil moisture regimes" entspricht auf dem obersten taxonomischen Niveau der amerikanischen Soil Taxonomy (SOIL SURVEY STAFF 1975), in der jedoch keine weitere Untergliederung vorgenommen wird.

Die fünf ausgewählten Klimastationen in Abb. 5 (S. 19, nach MINISTRY OF WATER RESOURCES 1977; 1982; 1984; 1986; 1988) sollen grob die regionalen Unterschiede der nepalischen Klimata widerspiegeln. Die Station Belauri Shantipur (28°41'n.Br./80°21'ö.L.) befindet sich im westlichen Terai, die Station Sanischare (26°41'n.Br./87°51'ö.L.) im östlichen Terai. Mangalsen (29°09'n.Br./81°17'ö.L.) repräsentiert den westlichen Teil des nepalischen Mittellandes, Kathmandu (27°42'n.Br./85°22'ö.L.) den östlichen. Die Station Mustang (29°11'n.Br./83°58'ö.L.) befindet sich nördlich der Himalayahauptkette und ist ein Beispiel für das dortige "aridic soil moisture regime". Bedauerlicherweise stehen für die Klimastationen Nepals nur Daten von fünfzehn Beobachtungsjahren zur Verfügung, was generell die Aussagekraft einzelner Klimadiagramme einschränkt, aber insbesondere bei dem von Jahr zu Jahr sehr wechselhaften Monsunklima zu vorsichtigem Umgang mit den Werten gemahnt. LANDSBERG & JAKOBS (1951) fordern bei tropischen Flachländern und Gebirgen 40-50 Jahre als notwendige Länge der Bezugsreihen für Niederschlagsmittelwerte.

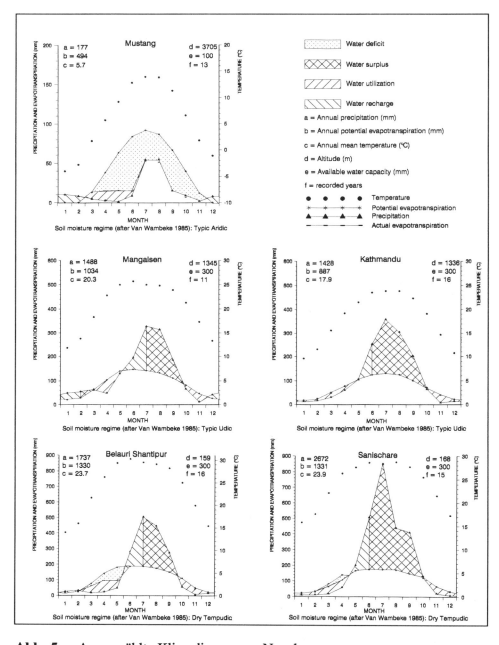

Abb. 5: Ausgewählte Klimadiagramme Nepals
Fig. 5: Climatic data and soil water balance of certain stations of Nepal

Die Darstellung des Klimas im Forschungsgebiet wird bereits dadurch erschwert, daß das Netz der Klimastationen in diesem Raum nicht sehr dicht ist, für das Deokhuri-Tal besteht z.B. nicht eine einzige Meßstation. Außerdem weist SELBY (1988) auf deutliche Niederschlagsunterschiede in den Tälern hin, bedingt durch Regenschatteneffekte der angrenzenden Siwaliks, die etwa 500 mm/a ausmachen können. HORMANN (1986) berichtet von Luv-Lee-Gegensätzen an der "Mahabharat Range" mit 2500-3000 mm Jahresniederschlag vor und 1500-2000 mm hinter der Bergkette. Insofern geben die in Abb. 6 (S. 20) aufgeführten Diagramme nur eine allgemeine Vorstellung des Klimas in den Tälern, das lokal durchaus Abweichungen aufweisen kann. Gemein ist allen Stationen, daß sie nach dem Newhall Simulations-Modell (VAN WAMBEKE 1985) dem soil moisture regime "dry tempudic" zuzuordnen sind, also etwa an der Grenze von "udic" zu "ustic" Bodenwasserhaushalt liegen und dementsprechend in etwas trockeneren Jahren auch als "wet tempustic" eingestuft werden. Daß dies trotz der hohen Jahresniederschläge berechtigt ist, zeigt das etwa 4 Monate anhaltende Wasserdefizit im Frühjahr, bei dem die Böden unter Temperaturen von ca. 15°C im Februar bis fast 30°C im Mai derart austrocknen, daß sie allein mit einem Spaten bereits kaum noch aufgrabbar sind. Weiterhin zeigen die Abbildungen dehr deutlich, daß von den sehr stark auf die 4-5 humiden Sommermonate konzentrierten Jahresniederschlägen weit mehr als die Hälfte nicht in dem Boden verbleiben, sondern als "surplus" versickern oder oberflächlich abfließen. Diese Tatsache erklärt zum einen den Kontrast zwischen hohen Jahresniederschlägen und ausgeprägtem Frühjahrsdefizit, und sie begründet außerdem die hohe natürliche Erosionsanfälligkeit dieses geographischen Raumes (s. Kap. 2.5.1). Der extrem wechselfeuchte Jahresgang der klimatischen Bodenwasserbilanz spiegelt sich in den ausgeprägt hydromorphen Merkmalen der Böden wider (s. Kap. 4.1). Aufgrund des Temperaturverlaufes aller Stationen sind sowohl die Duns als auch das Terai dem soil temperature regime "hyperthermic" zuzurechnen (SOIL SURVEY STAFF 1990).

Von den ausgewählten Stationen befindet sich Tulsipur (28°08'n.Br./82°18'ö.L.) im Dang-Tal, Bhagwanpur (27°41'n.Br./82°48'ö.L.) im Terai südlich des Deokhuri-Tales, Kusum (28°01'n.Br./82°07'ö.L.) am Ausgang des Deokhuri-Duns zum Terai und Nepalganj (28°04'n.Br./81°37'ö.L.) westlich der beiden Täler im Terai (s. Abb. 3, S. 14).

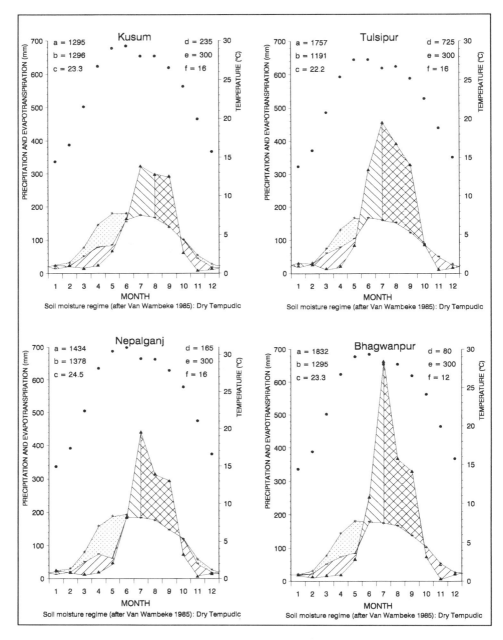

Abb. 6: Ausgewählte Klimadiagramme Südwest-Nepals (Legende s. S. 18)
Fig. 6: Climatic data and soil water balance of certain stations of South West Nepal (legend on page 18)

Eine Diskussion des Paläoklimas der Himalayaregion wird in Zusammenhang mit der Interpretation der eigenen Resultate in Kap. 5.2.2 gegeben. Möglicherweise heute stattfindende mikroklimatische Veränderungen aufgrund der starken Abholzung und des dadurch bedingten Bodenabtrags erwähnt MANI (1981) sehr zu Recht. Die fortschreitende Desertifikation führt nicht nur zu einer drastischen Reduzierung der AWC, sondern beeinflußt auch über höhere Energieabstrahlung die lokalen Luftdruckverhältnisse. Auf die Eigendynamik von anthropogen initiierter Desertifikation weist FLOHN (1988:59) hin.

2.4 Vegetationszonen

Die pflanzengeographische Arbeit im Himalaya, deren Ursprung bereits auf Alexander den Großen zurückgeht, ist von besonderem Interesse. SCHWEINFURTH '(1957) weist sehr zu Recht auf die einzigartige dreidimensionale gesetzmäßige Zonierung der Vegetation im Himalaya hin, die von S nach N den Übergang vom tropischen Regenwald zur trockenen alpinen Stufe zeigt, von O nach W die vermittelnde Rolle des Gebirges im Wechsel vom Regenwald zu den vorderasiatischen Steppen- und Wüstengürteln widerspiegelt und in der Vertikalen Höhenunterschieden von mehreren tausend Metern unterliegt. Nicht nur das Verständnis, sondern auch die Beschreibung dieser Dreidimensionalität wird kompliziert durch die Vielzahl von Längs- und Durchbruchstälern, die zu sehr kleinräumigen klimatischen Besonderheiten führen.

Die Klassifikationen der Vegetation sind sehr zahlreich und im Gegensatz zu den Bodenklassifikationen scheint sich auf internationaler Ebene kein System durchzusetzen. Allein für Indien existieren mehrere Klassifikationen, deren neueste (PURI et al 1989) sich stark an die bislang dort gebräuchlichste von CHAMPION & SETH (1968, zit.n. PURI et al. 1989) anlehnt. Da diese jedoch nur bedingt auf die spezifischen Bedingungen der nepalesischen Flora (s.o.) übertragbar sind, wird im folgenden eine vereinfachte Darstellung gegeben, die sich auf ein detailliertes und vor allem regional nachvollziehbar differenziertes S-N-Profil Zentralnepals (ca. 84° ö.L.) von SCHWEINFURTH (1957) stützt, der seine Klassifikation ebenfalls nach derjenigen von CHAMPION (1936) ausgerichtet hat. Die Übersetzung der lateinischen Pflanzennamen ins Deutsche bzw. ins Englische, wenn kein deutscher Begriff vorhanden ist, gründet sich auf die Arbeiten von VAN WIJK (1911), MACURA (1979) und SCHUBERT & WAGNER (1988).

Im Terai ist durch den Eingriff des Menschen die natürliche Vegetation nur noch selten anzutreffen. Es handelt sich hier um einen tropischen trocken-winterkahlen Wald (Fallaubwald nach SCHWEINFURTH (1957)), den nach der eindeutig dominierenden Art, dem Salbaum, benannten Salwald. Im System PURI's (PURI et al. 1989) ist dies ein "subtropical moist winter-deciduous forest", wobei die Begriffe tropisch bzw. subtropisch in den Vegetationsklassifikationen oft recht eigenwillig oder gar nicht definiert werden. KÖPPEN (1931) zieht die Grenze zwischen tropisch und subtropisch bei 18°C des kältesten Monats, in der indischen Literatur wird sie bei 24°C im Jahresmittel gezogen. Der Salwald bildet einen nicht allzu dichten Wald mit Gräsern als Unterwuchs.

Die Siwalikhügel tragen in Südexposition zusätzlich *Pinus roxburghii*, welche meist dominant sind oder reine Kiefernbestände bilden. In den Duns treten zusätzlich Epiphyten im Salwald auf. Die Pflanzengesellschaften in den Schluchten der von N nach S verlaufenden Flüsse weisen aufgrund der unterschiedlichen Einstrahlungsbedingungen und der damit verbundenen Bodenfeuchteverhältnissen einige Abweichungen vom Salwald des Terais auf.

Kennarten des Salwaldes im Terai:
Shorea robusta (Salbaum), *Bombax malabaricum* (Seidenbaumwollbaum), *Bauhinia retusa* (Affentreppen (Lianenbildner)), *Ficus* (Feige), *Erythrina* (Korallenstrauch), *Terminalia tomentosa* (Almond, "woolly terminalia"), *Dillenia pentagyna* (Rosenapfelbaum), *Adina cordifolia*, *Mallotus philippinensis* (Kamalabaum), *Cedrela toona* (Tunazeder)

Trennarten des Fallaubwaldes der N-S-Täler der Siwaliks:
Dalbergia sissoo (Sissoobaum), *Schima wallichii* ("Darjeeling guger tree"), *Duabanga sonneratioides*, *Acer oblongum* (Ahorn), *Alnus nepalensis* (Erle), *Pandanus* (Schraubenbaum) dazu große Farne und Kletterpflanzen

Der ebene Talboden der Duns wird heute fast vollständig landwirtschaftlich genutzt und spiegelt deshalb die potentielle Vegetation in keiner Weise wider. Auch die angrenzenden Siwalikhänge sind stark von menschlichem Einfluß geprägt, hier in Form von Abholzung, und können wohl kaum als das natürlich gebildete Klimaxstadium der Vegetation betrachtet werden.
Nach PURI et al. (1989) kann der Salwald in diesem Bereich nach den edaphischen Verhältnissen in drei Haupttypen untergliedert werden:
a) der "Konglomerat-Typ" mit *Shorea robusta*, *Anogeissus latifolia*, *Terminalia tomentosa* und *Pinus roxburghii*
b) der "Ton-Typ" mit *Shorea robusta*, *Syzygium cumini*, *Terminalia tomentosa* und *Ougeinia oogeinensis*
c) der "Alluvial-Typ" mit *Shorea robusta*, *Acacia catechu* und *Dalbergia sissoo* oder auf kieseligem Substrat mit *Trewia nudiflora*, *Holoptelea integrifolia* und *Bombax ceiba*

Zur Zeit der Untersuchungen von SCHWEINFURTH (1957) wurden die Wälder der Siwalikzone im Vergleich zu jenen des Terais noch als dichter und üppiger bezeichnet, da seit Ende des 18.Jh. auf Anordnung der Regierung in Kathmandu der Anbau hier untersagt war, um so durch einen "Fieberwald" eine Schutzzone gegenüber Eindringlingen aus dem Süden zu schaffen. Dies trifft durch die massive Abholzung der letzten Jahrzehnte heute nicht mehr zu.

Die "Mahabharat Range" zeigt über einer *Pinus roxburghii*-Stufe einen temperierten Eichen- und Koniferen-Mischwald, der in Nordexposition einen viel größeren Artenreichtum aufweist.

Kennarten des temperierten Eichen- und Koniferen-Mischwaldes der "Mahabharat Range":
Quercus semecarpifolia ("common brown oak of the himalaya"), *Rhododendron arboreum* ("tree rhododendron"), *Quercus incana* ("woolly oak"), *Pyrus pashia* (Birnbaum), *Prunus puddum* ("himalayan cherry")
Lauraceen, Kräuter und Moose bilden den Unterwuchs

Trennarten der obersten Lagen der "Mahabharat Range":
Quercus glauca ("green oak of lower altitude of the himalaya"), *Quercus lanuginosa* ("truffle oak"), *Alnus nepalensis* (Erle), *Daphne cannabina* (Hanfseidelbast), *Hedera helix* (gemeiner Efeu), *Pieris ovalifolia, Viburnum* (Schneeball), *Euonymus* (Pfaffenhütchen), *Smilax* (Stechwinde), *Jasminum* (Jasmin), *Crataegus* (Weißdorn)

Im nepalischen Mittelland findet ausgehend von den unteren Bereichen der Täler ein allmählicher Übergang vom tropischen trocken-winterkahlen Fallaubwald zum tropischen immergrünen Bergwald statt, festzumachen an der Zunahme von *Pandanus furcatus*, Aroideen und epiphytischen Farnen. Ab 900-1000 m wird *shorea robusta* zunehmend durch *Castanopsis indica* abgelöst.

Kennarten der unteren Lagen des tropischen immergrünen Bergwaldes im Mittelland:
Castanopsis indica (Scheinkastanie), *Schima wallichii* ("Darjeeling guger tree"), *Alsophila* (Hainfarn), *Engelhardtia* (unechter Walnußbaum), *Lithocarpus* (Südeiche)

Trennarten der oberen Lagen des tropischen immergrünen Bergwaldes im Mittelland:
Rhododendron arboreum ("tree rhododendron"), *Litsaea lanuginosa, Cinnamomum glanduliferum* (drüsentragender Kampferbaum), *Symplocos chinensis* (Rechenblume), *Camellia kissi* (Kamelie), *Ilex excelsa* (Stechpalme), *Fraxinus floribunda* (nepalesische Esche), *Pyrus pashia* (Birnbaum), *Pyrus cerasoides* (Birnbaum), *Quercus lanuginosa* ("truffle oak"), *Alnus nepalensis* (Erle), *Myricaria esculenta* (Rispelstrauch), *Photinia integrifolia* (Glanzmispel), *Eurya acuminata* (Sperrstrauch), *Meliosma pungens* (Honigduftstrauch)

Vom Mittelland aus findet in den großen Durchbruchstälern des Himalaya ein Übergang ab etwa 1700 m zu einem feuchten Laubwald statt, der über einen feuchten Nadelwald in einen mäßig-feuchten Nadelwald wechselt. Ab etwa 2500 m tritt allein *Juniperus wallichiana* auf, der die Waldgrenze bildet und an die alpine Steppe des tibetischen Hochlandes grenzt.

Kennarten des feuchten Laubwaldes im Hochhimalaya:
Quercus semecarpifolia ("common brown oak of the himalaya"), *Acer oblongum* (Ahorn), *Litsaea sp.*

Kennarten des feuchten Nadelwaldes im Hochhimalaya:
Pinus excelsa (Tränenkiefer), *Tsuga dumosa* (Hemlockstanne), *Picea smithiana* (Morindafichte), *Taxus wallichiana* (Eibe), aber auch *Rhododendron arboreum* ("tree rhododendron")

Trennarten des mäßig-feuchten Nadelwaldes im Hochhimalaya:
Juniperus wallichiana (Wallichs Wacholder), *Cupressus torulosa* (chin. Zypresse), *Caragana brevispina* (Erbsenstrauch), *Berberis angulosa* (Sauerdorn), *Sophora moorcroftiana* (Schnurbaum)

An den Hängen der Gebirgsmassive folgt auf den tropischen immergrünen Bergwald die Laubwaldstufe der immergrünen Höhen- und Nebelwälder (ca. 2000-3000 m), die Nadelwaldstufe der immergrünen Höhen- und Nebelwälder (ca. 3000-4000 m) und nach dem z.T. ausgebildeten subalpinen Birkenwald die feuchte alpine Stufe. Nach MIEHE (1982) bildet *Betula utilis* die obere Waldgrenze in einstrahlungsgeschützten Lagen (max. 4400 m), in strahlungsoffenen wird sie durch *Juniperus indica* gebildet (max. 4200 m). Die Waldgrenze steigt von 3800 m im Süden auf 4400 m im Norden an, sie wird von MIEHE (1982) für die Südseite als Frosttrocknisgrenze definiert, die aus den Strahlungswetterlagen im Spätwinter resultiert. Oberhalb 4500 m hört in der Regel die zusammenhängende Pflanzendecke auf, die Vegetationsgrenze liegt bei 5000 m. Die südexponierten Hänge weisen eine breit ausgebildete Laubwaldstufe auf und eine nur unvollständige Nadelwaldstufe, an den nordexponierten Hängen dreht sich dieses Verhältnis um.

Kennarten der Laubwaldstufe der immergrünen Höhen- und Nebelwälder:
Magnolia Campbelli (Campbells Magnolie), *Quercus ssp.* (Eiche), *Litsaea sp.* (Strahllorbeer), *Ilex dipyrena* (Stechpalme)

Kennarten der Nadelwaldstufe der immergrünen Höhen- und Nebelwälder:
Tsuga dumosa (Hemlockstanne), *Abies spectabilis* (Tanne, "himalayan fir"), *Taxus wallichiana* (Eibe), *Picea smithiana* (Morindafichte), *Pinus excelsa* (Tränenkiefer), *Acer ssp.* (Ahorn)

Kennarten des subalpinen Birkenwaldes:
Betula utilis (Birke, "indian birch"), *Abies spectabilis* (Tanne, "himalayan fir"), *Rhododendron campanulatum* (Rhododendron)

Kennarten der alpinen Stufe im Himalaya:
Rhododendron setosum (Rhododendron), *Rhododendron anthopogon* (Rhododendron), *Juniperus squamata* (Blauzederwacholder)

In W-O-Richtung lassen sich in Nepal keine klar umrissenen Vegetationszonen ausgliedern, es findet vielmehr ein allmählicher Übergang innerhalb der Gattungen statt von "westlichen" zu "östlichen" Arten, der auf die hier angeführten höheren taxonomischen Niveaus jedoch kaum Auswirkung hat (SCHWEINFURTH 1957:148). Auf unterstem Niveau lassen sich beispielsweise allein für Salwald 26 verschiedene Salwaldtypen definieren (PURI et al. 1990). Im allgemeinen zeigt sich die Tendenz, daß die östlichen Vegetationstypen im südlichen Landesteil am weitesten nach Westen vordringen, während sich die westlichen vor allem in den Tälern noch ostwärts behaupten können. SCHWEINFURTH (1957:122 ff.) macht diesen Übergang von West nach Ost am Rückzug von z.B. *Quercus semicarpifolia* und *Pinus roxburghii* fest und am häufigeren Auftreten von Arten wie *Pandanus* im Terai, *Alsophila* im immergrünen Bergwald, *Tsuga dumosa* im feuchten Nadelwald und *Magnolia* im immergrünen Höhenwald.

2.5 Rezente Morphodynamik und ihre anthropogene Beeinflußung

2.5.1 Entwaldung und Landschaftsdegradierung

"Water flows downhill"; mit diesem lapidaren und doch so bedeutenden Satz beginnt RIEGER (1981:352) seine Analyse der Erosionsproblematik im zentralen Himalaya. Die Wassererosion, sowohl "sheet erosion" als auch "gully erosion", stellt als vom Menschen ausgelöster und verstärkter, aber auch sich selbst verstärkender Autozyklus zur Zeit den das gesamte Ökosystem Himalaya bedrohenden Prozeß dar. Im Monsunklima mit Starkregenereignissen bis zu 75 mm/h (GHILDYAL 1981) und einem tektonisch instabilen Gebiet wie dem Himalaya stellt die Erosion selbstverständlich auch einen natürlichen Prozeß dar, indem sie als ausgleichendes Element der extremen topographischen Unterschiede wirkt.

Die anthropogen ausgelöste Erosion wirkt jedoch ungleich tiefgreifender und nicht mehr regional begrenzt, sondern umfassend auf den ganzen Himalaya. Die "Swiss Association for Technical Assistance" (zit. n. MOODIE 1981) gibt für das gesamte Einzugsgebiet des Karnali eine durchschnittliche Abtragungsrate von 1,7 mm/a an. BRUNSDEN et al. (1981:67) zitieren für die Siwalikzone Abtragungsraten nach verschiedenen Autoren, die mit 1,8-2,5 mm/a, regional begrenzt (Tamur-River) sogar 4-5 mm/a, zu den höchsten zählen, die jemals beobachtet wurden, und höher liegen als die immer noch aktive tektonische Hebung der Siwaliks. GANSSER (1986) gibt für die Siwaliks in der heutigen Zeit eine Hebungsrate von 0,5-1 mm/a an, IWATA (1987) ebenfalls 1 mm/a und LOW (1968, zit.n. BRUNSDEN et al. 1981) 1-4 mm/a. Dementsprechend erreicht z.B der Tamur-River in Ostnepal die gleiche Sedimentfracht wie der Hoang-he ("Gelber Fluß") im Lößgebiet Chinas; die heutige Erhöhung der Flußbetten im Terai wird von RIEGER (1981:359) mit 15-20 cm/a angegeben, was zu häufigen starken Überflutungen führt, mit teils Versandung fruchtbaren Landes im Terai, teils aber auch Verteilung fruchtbaren, lehmigen Bodens. Das verheerende, landschaftszerstörende Ausmaß der Erosion konnte in den beiden intramontanen Becken Deokhuri und Dang ebenfalls beobachtet werden, in denen sich 10-15 m tiefe Schluchten in die am Beckenrand abgelagerten Sedimentschichten eingegraben hatten, und die ehemalige Geländeoberfläche nur noch rudimentär zu erkennen war.

RIEGER (1981) führt als primär erosionsauslösende Vorgänge neben der direkten Entwaldung zur Energie- und Bauholzbedarfsdeckung eine unkontrollierte Viehhaltung, fahrlässige oder willkürliche Brandstiftung (zit.n. DONNER 1972:355) und Fehlverhalten bei der Landkultivierung an. Letzteres wird u.a. von GHILDYAL (1981) bestätigt, der auf das Mißverhältnis zwischen kultiviertem Land (>60%) und für Kultivierung geeignetem Land (ca. 33%) in der Siwalikzone in Uttar Pradesh (Indien) hinweist. Der durch diese Faktoren in Quantität und Geschwindigkeit erhöhte "run-off" wirkt seinerseits grundwassersenkend, was wiederum zu einer fortschreitenden Instabilisierung des Ökosystems führt. Insgesamt verstärken sich all diese genannten Faktoren entsprechend der Bevölkerungszunahme; KAWOSA (1985:96) ermittelte durch die Auswertung von Satellitenbildern und anderem, statistischen Material, demgemäß die Urbarmachung für die Landwirtschaft als größten "Verbraucher" von Wald, was er für Nepal nicht an Zahlen belegt, sondern anhand der Verhältnisse in anderen Himalayastaaten als für diese Region allgemein gültig hinstellt. Angaben der FAO (1974, zit.n. RIEGER 1981:360) zufolge beträgt der Einschlag im nepalischen Anteil am Terai 36 000 ha/a, wobei nur noch 818 600 ha Wald vorhanden sind. Hier ist in naher Zukunft eine beginnende Winderosion mit Sandstürmen zu erwarten (RIEGER 1981:362).

KAWOSA (1985) erarbeitete Simulationsmodelle unter Berücksichtigung aller wesentlicher Faktoren der Waldentwicklung, die bei etwa konstanten Faktoren eine Entwaldung des gesamten Himalayas für den Zeitraum 2020-2030 vorhersagen. Berücksichtigt man, daß in Nepal selbst diese Gefahr bereits Anfang der sechziger Jahre erkannt worden ist (SHRESHTHA 1968) und bis heute keine relevanten Maßnahmen ergriffen worden sind, so bedarf es mehr als Optimismus, um die von KAWOSA prognostizierte Katastrophe im Laufe des nächsten Jahrhunderts nicht wahrhaben zu wollen.

2.5.2 Historischer und sozio-ökonomischer Ursachenkomplex

Um den in Kap. 2.5.1 skizzierten Prozeß der Landschaftsdegradierung durch anthropogen bedingte Entwaldung aus der spezifischen Situation Nepals heraus verstehen und mögliche Lösungsansätze des Problems bewerten zu können, ist es notwendig, kurz auf die Bevölkerungsstruktur und die Geschichte des Landes einzugehen.

Die Ureinwohner des indischen Subkontinents waren negroide Volksstämme, die nach Einwanderungswellen südostasiatischer Völker, der Draviden und später der Arier aus dem Norden nur noch als Minderheit existierten. Diese neue indische Bevölkerung vermischte sich in den nördlichen Teilen zum Teil mit mongoloiden Völkern Innerasiens. In Nepal sind noch heute, vor allem in den stärker isolierten Tälern, die Unterschiede dieser ethnischen Gruppen deutlich erkennbar, die in zwei Sprachgruppen eingeteilt werden, die tibeto-birmanische und die indo-germanische. So sind z.B. die im Deokhuri und Dang siedelnden und einen Großteil der dortigen Bevölkerung ausmachenden Tharus mongoloider Abstammung und unterscheiden sich wesentlich von den ebenfalls dort angesiedelten, erst in jüngerer Zeit aus Indien eingewanderten, Volksgruppen. Diese ethnische Heterogenität mag mit zu der mangelnden Identifikation des Einzelnen mit dem Gemeinwohl beitragen, welche RIEGER (1981) als eine der Ursachen für die Diskrepanz zwischen individueller und kollektiver Rationalität anführt, die zu dem von außen betrachtet unverantwortlichen Handeln der Bevölkerung bezüglich ihrer natürlichen Ressourcen führt.

Die Geschichte Nepals, die bis ins 19. Jh. nach HAGEN (1980) eigentlich nur die Geschichte des Kathmandu-Tales war, zeichnet sich bis Mitte des 20. Jh. durch eine sehr restriktive Politik wechselnder Dynastien indischer Herkunft aus. Erst Anfang des 20. Jh. wurde die Sklaverei abgeschafft, die internen Zölle aufgehoben und die erste höhere Schule gegründet. Nach außen hielt Nepal seine Grenzen völlig geschlossen, so daß die Bevölkerung, die noch 1988 zu über 90% Landbevölkerung war, bis 1950 fast vollständig von

Fremdeinflüssen ferngehalten wurde. Vor diesem Hintergrund wird verständlich, welche Schwierigkeiten sich neben schlechter Infrastruktur bei dem Versuch ergeben, "die Bedürfnisse der zunehmenden Bevölkerung von dem Rohstoff Holz zu lösen" (KAWOSA 1985) oder erosionshemmende Maßnahmen einzuführen, wenn dies den noch immer fest verankerten Traditionen zuwiderläuft. Das bezieht sich sowohl auf alternative Energie- als auch Landnutzungsformen.

Erst mit dem Einmarsch der Chinesen in Tibet 1950 und der Unabhängigkeit Indiens bildete sich in Nepal eine starke politische Opposition, die 1950 zur Demokratie führte, jedoch auch den König wieder in sein Amt setzte, welcher das Land nach nur 10 Jahren in die Diktatur zurückführte. Ende der sechziger Jahre kam es unter dem Druck des Auslandes zur Einführung der Demokratie, die bis heute Bestand hat. Die sprunghafte Bevölkerungsentwicklung und der enorme Kinderreichtum sind nicht zuletzt Folge der fehlenden Altersversorgung. Lag die Einwohnerzahl Nepals 1959 noch bei 8,4 Mill., waren es 1988 bereits 18,3 Mill., und für 2000 werden ca. 24 Mill. prognostiziert. Der Distrikt Dang-Deokhuri lag nach DONNER (1972) im Jahr 1961 mit 34 E/km^2 noch unter dem Landesdurchschnitt von 66E/km^2, doch hat der rasch ansteigende Bevölkerungsdruck auf das Terai (RIEGER 1981) auch diese Täler schon erreicht, und die unter Kap. 2.5.1 dargestellten Folgen verstärkt in den Siwaliks dieses Bereiches in Erscheinung treten lassen.

Ein weiteres Problemfeld stellen politische/ökonomische Zwänge dar. Beispielsweise beziffert KAWOSA (1985) den Holzschlag zur Deckung des Energiebedarfs mit 6,6 Mill. m³/Jahr, das Bau- und Exportholz hingegen mit 11,4 Mill. m³/Jahr, wovon lediglich 0,8 Mill. m³ Eigenbedarf sind. Somit wird der ökonomisch wohl notwendige Export von Holz mit dem ökologisch katastrophalen "Export" von Boden sehr teuer bezahlt. Die von RIEGER (1981) vorgeschlagenen Lösungsmöglichkeiten, die bei der Bevölkerungspolitik, der Viehwirtschaft, der Energieversorgung und bei Agrarimporten ansetzen, müssen angesichts des bereits erreichten Ausmaßes der Erosion, den hier dargestellten Ursachenkomplexen und der zur Verfügung stehenden Zeit leider sehr kritisch betrachtet werden.

3. Methodik

3.1 Vorarbeiten

3.1.1 Auswahl der Profile

Das Auffinden vollständiger Bodenprofile erwies sich in der von starker Erosion betroffenen "Badland"-Landschaft als recht schwierig. Die Böden sollten deutlich rubefiziert sein (mindestens 5 YR), um von einer nicht allzu jungen Bodenbildung ausgehen zu können, und sie sollten sich wenn möglich in der Nähe der archäologischen Fundstätten befinden. Die A-Horizonte der Böden sollte einerseits noch vorhanden sein, andererseits sollte das Profil bereits von einer Erosionsschlucht freigelegt worden sein, da sonst bei dem sehr trockenen, verhärteten und schwer aufgrabbaren Sediment nicht an das Ausgangsmaterial zu kommen gewesen wäre, das sich in über zwei Meter Tiefe befand. Nicht alle ausgewählten Profile konnten allen hier angeführten Kriterien entsprechen.

3.1.2 Probennahme

Die Probennahme konnte aus zeitlichen und technischen Gründen sowie aufgrund begrenzter Transportkapazitäten weder die Anforderungen der DIN-Norm "Entnahme von Bodenproben" noch andere statistische Bedingungen erfüllen (s. HARTGE & HORN 1989). Es wurden die nach der Bodenansprache im Gelände erkannten Horizonte mit je ca. 500 g als Mischprobe beprobt, wozu nach Augenschein repräsentative Stellen gewählt wurden. Hierbei wurde jedoch ein vertikaler Abstand der Proben von etwa 50 cm nicht überschritten.

Zusätzlich wurden zur Erstellung von Dünnschliffen ungestörte Proben mit einem Volumen von etwa 60 cm^3 genommen. Von gleicher Größe waren die Proben für die TL-Untersuchungen, die zwar bei Tageslicht entnommen und getrocknet, fortan jedoch unter Lichtabschluß gehalten wurden.

3.1.3 Probenaufbereitung

Die standardmäßige Aufbereitung der Proben für die chemischen und mineralogischen Untersuchungen bestand in einem vorsichtigen Zerstoßen der lufttrockenen Aggregate auf eine Größe unter 2 mm mit einem Porzellanmörser. Anteile gröberer Fraktionen bestanden nicht. Eine geringe Veränderung der Korngrößenverteilung durch diese Behandlung ist trotz aller Vorsicht zu vermuten, konnte aber nicht umgangen werden.

Für den chemischen Gesamtaufschluß, die Ermittlung der oxalat- und dithionitlöslichen Eisenoxide und die Kohlenstoffanalyse wurden jeweils etwa 20 g der Probemenge in einer Achat-Kugelmühle feingemahlen, um einerseits die Angriffsmöglichkeit der Extraktionsmittel zu verbessern und andererseits eine repräsentative Teilmenge auch bei geringer Einwaage und damit geringerem Chemikalieneinsatz zu erzielen.

3.1.4 Statistische Erwägungen

Auf die Unterlassung einer statistisch einwandfreien Probenahme wurde weiter oben schon hingewiesen. Die allein daraus resultierende Einschränkung der Aussagemöglichkeiten machte es nicht sonderlich sinnvoll, im nachhinein bei den Laboranalysen die hohe Zahl an Parallelen zu erfüllen, die für eine statistische Absicherung der Ergebnisse notwendig gewesen wäre. MILFRED et al. (1967) ermittelten z.B. bei mikromorphologischen statistischen Untersuchungen an einem Bt-Horizont, daß für quantitative Aussagen bei einem Standardfehler von 10% immerhin 21 Proben mit je 2 Dünnschliffen an 1000 Punkten gezählt werden sollten. Hinzu kam noch die finanzielle und zeitliche Begrenzung des Projektes, die vor allem bei den tonmineralogischen Untersuchungen überhaupt keine Wiederholungen zuließ. Dieser Makel der Arbeit, der allerdings bei fast allen bodengenetischen Arbeiten zu verzeichnen ist, wurde als gering erachtet und in Kauf genommen, da Schlußfolgerungen aus erzielten Daten nur dann erfolgten, wenn sich ein Phänomen in mehreren Profilen nachweisen ließ, und da bei den mineralogischen Untersuchungen die Trennung einer Probe in ihre Korngrößenfraktionen eine gewisse gegenseitige Kontrolle gewährleistete.

Die Repräsentativität der analysierten Probenteile für die Gesamtheit der Probe wurde versucht durch die Probenaufbereitung sicherzustellen, indem die Aggregate weitestgehend mechanisch zerstört wurden und der Feinboden gut durchmischt wurde. Auf den Einsatz eines Probenteilers wurde bewußt verzichtet, da dieser durch elektrostatische Aufladungen zu einem selektiven

Anhaften von Feinstmaterial führt. Die bei der Analyse von Parallelen erzielte hohe Reproduzierbarkeit der Ergebnisse muß nicht zwangsläufig eine absolute Richtigkeit bedingen, HARTGE & HORN (1989) weisen auf methodenimmanente systematische Fehlerquellen hin. Da die vorliegenden Interpretationen der Ergebnisse jedoch nicht auf deren absoluten Werten fußen, sondern auf einem internen Vergleich bei gleicher Methodik an vergleichbarem Material beruhen, können sie als hinreichend abgesichert gelten (BRONGER et al. 1976).

3.2 Korngrößenanalyse

Die Korngrößenverteilung wurde in Anlehnung an DIN 19683 für die Sandfraktionen durch Naßsiebung, für die Schluff- und Tonfraktionen durch die Pipettmethode ermittelt. Bei der Einteilung in Kornfraktionen kamen die von der ARBEITSGRUPPE BODENKUNDE (1982) angegebenen Fraktionsgrenzen zur Anwendung. Lediglich die Feinstsandobergrenze wurde bei 100 μm anstatt bei 125 μm gezogen.

Die Vorbereitung der Proben bestand in der Zerstörung der organischen Substanz durch H_2O_2-Behandlung (max. 60°C), sowie 2-3maliger Extraktion der dithionitlöslichen Eisenverbindungen (MEHRA & JACKSON 1960). In Analogie zur Fe_d-Bestimmung wurde hierbei den effektiveren 24-stündigen Kaltextraktionen gegenüber den 20-minütigen Warmextraktionen der Vorzug gegeben (BRUHN 1990). Erst hiermit konnte eine ausreichende Dispersion der Teilchen durch anschließendes Schütteln nach Zugabe von Natriumpyrophosphat erreicht werden.

Aus jeder Probe wurden 2 Parallelen von je ca. 10g eingewogen, deren Einwaage um die Gehalte an dithionitlöslichem Eisen und organischer Substanz korrigiert wurde, wobei die organische Substanz mit C_{org} multipliziert mit 2 (SCHEFFER & SCHACHTSCHABEL 1989:70) angenommen wurde. Der aus der unvollständigen Entfernung der zugegebenen Chemikalien und des dithionitlöslichen Eisens durch Zentrifugation sich ergebende "Salzfehler" (KRETZSCHMAR 1984) konnte nicht eliminiert werden; er wurde jedoch als hinreichend konstant betrachtet, so daß ein Einfluß auf die Vergleichbarkeit der Proben eines Profils ausgeschlossen wurde.

3.3 Ermittlung der Farbwerte

Die Ansprache der Farbwerte erfolgte bei Tageslicht im Halbschatten an Bruchflächen luftgetrockneter Handstücke, sie orientierte sich an der Farbeinteilung der MUNSELL SOIL COLOR CHART. Bei der YR-Skala wurden gegebenenfalls Zwischenwerte gebildet, wie dies z.B. auch von SCHWERTMANN (1985:195) für sinnvoll befunden wurde.

3.4 Mikromorphologische Ansprache

Die mikromorphologischen Untersuchungen wurden polarisationsoptisch an Dünnschliffen durchgeführt, wobei sich die Beschreibung der beobachteten Phänomene an das Verfahren und die exakt definierte Terminologie - auch der quantitativen Termini - der Veröffentlichung der Arbeitsgruppe der Internationalen Society of Soil Science hielt (BULLOCK et al. 1985), welche sich besonders um eine Vereinheitlichung der bis dahin bestehenden verschiedenen mikromorphologischen Methoden bemühte. Die vorgeschlagene Arbeitsanleitung basiert zu großen Teilen auf dem System BREWERs (1964), ist jedoch rein morphographisch bestimmt, nicht genetisch.

Ein wesentliches Kriterium der Beschreibung, gerade im Hinblick auf eine genetische Interpretation, stellt das Konzept der "pedofeatures" dar, welches eine Erweiterung der sehr ähnlich verwendeten Begriffe "pedological features" (BREWER & SLEEMAN 1960) und "sedimentary features" (SHROCK 1948) ist. Hierunter fallen gerade für die Interpretation des vorliegenden Materials bedeutende Merkmale wie hydromorphe Strukturen und "illuviation argillans" (vgl. Braunlehm-Teilplasma KUBIENAs (1956) und Feintonplasma BRONGERs (1976)). Weitere beschreibende Kriterien sind die Mikrostruktur, die Mineralzusammensetzung von grober und feiner Fraktion und die Charakterisierung der Grundmasse. Als sehr hilfreich erwies sich in diesem Zusammenhang die von STOOPS et al. (1986) geleistete mehrsprachige Übersetzung der z.T. sehr eigenwillig bis künstlich wirkenden Beschreibungsbegriffe. Quantitative Angaben anhand der mikromorphologischen Ansprache sind mit Vorsicht zu behandeln, da sie trotz der von BULLOCK et al. (1985) gelieferten definierten Vergleichsflächen von 2-50% im Bildausschnitt immer subjektive Abschätzungen bleiben. Gerade für die "illuviation argillans" ermittelten McKEAGUE et al. (1980) einen Variationskoeffizienten von 39-64%, wenn jeweils eine Probe von mehreren Mikromorphologen untersucht wird.

3.5 Erfassung der mineralogischen Zusammensetzung

3.5.1 Silicate

3.5.1.1 Vorarbeiten und allgemeine Betrachtungen

Für das Verständnis der bodenbildenden Prozesse sowie der sie bedingenden Faktoren ist es äußerst hilfreich, den Mineralbestand jeder einzelnen Kornfraktion zu erfassen und einander gegenüberzustellen, insbesondere der Tonfraktionen.

Die Trennung der Kornfraktionen voneinander erforderte, wie auch bei der Korngrößenanalyse, eine Zerstörung der verkittenden Eisenoxide und organischen Substanz. Als Dispersionsmittel konnte im folgenden nicht Natriumpyrophosphat verwendet werden aufgrund der beim Röntgen der Tonpräparate störenden Reflexe des Magnesiumpyrophosphates, welches sich beim Ausfällen der Tonfraktionen mit Magnesiumchlorid nach deren Abtrennung von der Restsubstanz bilden würde (OMUETI & LAVKULICH 1988; BRUHN 1990). Als Dispersionsmittel wurde deshalb 10 ml 0,1 m Natronlauge eingesetzt. Die fast vollständige Gewinnung der einzelnen Schluff- und Tonfraktionen erfolgte entsprechend ihrer unterschiedlichen Sinkgeschwindigkeiten durch wiederholtes Absaugen von Suspension aus einem Standzylinder und erneutem Dispergieren. Ein Verbleib von Material in den jeweils gröberen Fraktionen konnte bei diesem Verfahren nicht ganz ausgeschlossen werden, jedoch wurde das Absaugen solange wiederholt, bis der Überstand nach der betreffenden Zeitspanne klar war. Die Trocknungstemperatur der fraktionierten Proben betrug 50-60 °C.

Die Trennung der Feintonfraktion konnte nicht durch einfache Sedimentation herbeigeführt werden, sondern durch Zentrifugation bei - entsprechend der Geometrie der Zentrifuge - 3.600 U/min in 26 Minuten. Der Endpunkt der Trennung war hier willkürlich nach dem sechsten Durchgang des Dispergierens und Zentrifugierens gewählt worden, da durch das wiederholte Schütteln fortlaufend weitere Grob- oder Mitteltonteilchen in die Feintonfraktion gelangten, und so der Überstand nie ganz klar wurde. CHITTLEBOROUGH (1982) bezeichnete den Vorgang des Schüttelns als Kompromiß zwischen dem Dispergieren von Aggregaten und dem Erzeugen von Abriebprodukten.

Für die grafische Darstellung der mineralogischen Untersuchungen in untereinander angeordneten horizontalen Balken, die jeder für sich die mineralogische Zusammensetzung eines Bodenhorizontes widerspiegeln, wurden die Korngrößenfraktionen in Gewichtsprozenten entsprechend den

Ergebnissen der Korngrößenanalysen belassen. Innerhalb der Kornfraktionen wurden die Mineralanteile als Kornzahlprozente ausgewiesen, da sie als solche bei allen angewandten Bestimmungsverfahren ermittelt worden waren, und eine Umrechnung in Gewichtsprozente nicht praktikabel erschien. Mengenanteile unter 2% konnten aus technischen Gründen bei der grafischen Darstellung keine Berücksichtigung finden.

Die Balkendarstellung ist im Sinne BRUHNs (1990) als Mineralverwitterungstendenz aufzufassen, die die wesentlichen Verwitterungsprozesse des offenen Systems Boden aufzuzeigen vermag, jedoch keine in sich geschlossene Bilanz darstellt, wie der erste Eindruck vielleicht vermitteln mag.

3.5.1.2 Sandfraktion

Die Bestimmung der Minerale der Sandfraktionen erfolgte nach Anfärbung der Feldspäte mit Natriumkobaltnitrit- bzw. Kaliumrhodizonatlösung unter dem Stereomikroskop durch Auszählen von jeweils mindestens dreihundert Mineralen (BLUME et al. 1984). Etwas Fingerspitzengefühl erforderte bei diesem Verfahren die Bemessung der Einwirkzeit der Flußsäure zum Anätzen der Partikel, da die bei Grobsand benötigte eine Minute beim Feinstsand schon zum Auflösen der kleineren Partikel führen kann. Aus diesem Grund wurde der Feinstsand nur eine halbe Minute angeätzt. Eine weitere Schwierigkeit ergab sich durch die Bewegung der bereits angefärbten Minerale, da die angeätzten Krusten sehr leicht ganz oder teilweise abplatzten und somit ein genaues Auszählen unmöglich machten. Um dies weitestgehend zu verhindern, wurden alle Arbeitsschritte nach dem Anätzen auf einem Filterpapier durchgeführt und die Flüssigkeiten jeweils mit einer Vakuumpumpe abgesaugt.

Die bereits vorher erfolgte Auswertung der zugehörigen Röntgenspektren der Schluff- und Tonfraktionen erleichterte die Bestimmung sehr, da der Primärmineralbestand offenbar auf Quarze, Feldspäte und Glimmer beschränkt war. Davon ausgehend wurden unter dem Stereomikroskop alle dunklen Bestandteile den Glimmern und alle farblosen Minerale den Quarzen zugerechnet.

3.5.1.3 Schlufffraktion

Die qualitative Bestimmung der Minerale der Schlufffraktionen erfolgte röntgenographisch, die Quantifizierung der jeweiligen Anteile unter dem Phasenkontrastmikroskop. Die Vorgehensweise zur Erstellung der Röntgenpräparate und der Röntgenspektren entsprach der Bestimmung der Tonminerale (s. Kap. 3.5.1.4.).

Zur Phasenkontrastmikroskopie wurde eine Suspension der Probe in destilliertem Wasser erstellt und anschließend das Wasser mittels Vakuumpumpe abgesaugt, um so eine möglichst gleichmäßige Verteilung der Probe auf einem Filterblatt zu erreichen. Nach kurzer Trocknung (ca. 15 Min.) wurde ein Teil des Filterblattes auf einen Objektträger gebracht und mit einigen Tropfen aus einem Gemisch von Zimtaldehyd und Phthalsäuredibutylester mit einem Brechungsindex von n=1,5460 getränkt. Nach Auflegen eines Deckglases konnten unter dem Phasenkontrastmikroskop die einzelnen Minerale angesprochen werden (GEBHARDT et al. 1967). Einiger Erfahrung bedurfte der Vorgang des Trocknens, da bei zu feuchtem Filterblatt die Beeinflussung des Brechungsindexes zu einer Trübung des gesamten Bildes führte, und bei zu trockenem Filterblatt die Gefahr des Wegspringens von Schluffteilchen bestand.

Ausgezählt wurden dreihundert (Grobschluff) bis fünfzehnhundert (Feinschluff) Minerale, die Viertelung des Blickfeldes im Mikroskop erlaubte eine gewisse Kontrolle der Repräsentanz der gezählten Bereiche.

3.5.1.4 Tonfraktion

Die Bestimmung der Minerale der Tonfraktionen erfolgte röntgendiffraktometrisch.

Die Erstellung und Behandlung der Präparate richtete sich im wesentlichen nach der Anleitung von BROWN & BRINDLEY (1980:306 ff.). Die unter Ultraschall dispergierten und magnesiumgesättigten Proben wurden mittels Vakuumpumpe auf ein Filterblatt gesaugt, was sowohl zu einer gleichmäßigen Verteilung der verschiedenen Minerale als auch zu einer Orientierung der Phyllosilicate führen sollte. Dieser Vorgang zog sich bei den Feintonproben über z. T. mehr als fünfzehn Minuten hin, so daß noch in der Suspension eine Sedimentation von koagulierten Teilchen stattfand, und eine teilweise Entmischung von Mineralen nicht ausgeschlossen werden konnte. Damit ist eine der Voraussetzungen der von GIBBS (1965) in einem Methodenvergleich als eine der reproduzierbarsten und genauesten dargestellten Vorbehandlungen nicht erfüllt worden. Da dies jedoch bei allen Feintonproben der Fall war, handelte es sich um einen systematischen Fehler, dessen Einfluß auf die Vergleichbarkeit der Proben untereinander als gering angesehen wurde. Die sich aus einer Einwaage von ca. 70 mg und einer Fläche von 5 cm² ergebende etwa 40 µm dicke Tonschicht wurde auf ein Glasplättchen abgezogen, um eine möglichst plane Oberfläche zu erhalten. Die anschließende Bedampfung mit Ethylenglykol bei etwa 60 °C dauerte vier Tage, um eine möglichst vollständige und einheitliche Aufweitung der Smectite zu gewährleisten.

Die Proben, die einen 14 Å-Peak aufwiesen, wurden zur Klärung der Frage des Vorhandenseins von Vermiculit oder Chlorit nach Sättigung mit Kalium mehreren Hitzebehandlungen ausgesetzt (25 °C, 125 °C, 300 °C, 550 °C).

Die Auswertung der Feintonspektren war sehr problematisch, da offenbar eine Vielzahl unterschiedlicher und z.T. wohl auch schwach kristalliner oder nicht regelhafter Wechsellagerungsminerale vorlag, die eine eindeutige Zuordnung der ohnehin kaum voneinander zu trennenden breiten Röntgenreflexe unmöglich machte. Selbst die von JOHNS et al. (1954) nach Arbeiten an jungen Sedimenten vorgeschlagenen Ansätze, durch mathematisch ermittelte Punkt-für-Punkt Korrekturfaktoren oder eine Summierung von Reflexen über einen bestimmten Winkelbereich um ein zu vermutendes Maximum zu deutlicheren Reflexen zu gelangen, waren aufgrund des hohen Grades an Diffusität nicht durchführbar. In dieser Situation erschien es am sinnvollsten, wenigstens die Anteile an Dreischichttonmineralen von den Kaoliniten zu trennen. Zu diesem Zweck wurden die Proben mit Lithium gesättigt, wodurch die Dreischichttonminerale einen einheitlichen Schichtabstand von 10 Å aufwiesen (GREENE-KELLY 1955).

Zum Röntgen stand ein PHILIPS PW 1710-Diffraktometer zur Verfügung, das mit einer Kobaltröhre und einem Graphitmonochromator ausgerüstet war. Die Gerätesteuerung leistete ein Tandon-PC über eine spezielle PHILIPS-ADM-Software. Der Röhrenstrom wurde konstant auf 1 kW eingestellt (40 kV, 25 mA), die Messung erfolgte im continuous-scan-Verfahren bei einem Goniometervorschub von 0,02 °2-Theta/Sekunde und einer Meßdauer von 1 s.

Tab. 2: Reflexe und Gewichtungsfaktoren der Mineralgruppen der Tonfraktionen
Table 2: Peaks and correction factors of the minerals in the clay fraction

Mineralgruppe	gewählter Reflex[Å]	Gewichtungsfaktor[a]
Quarz	4,26	1,0
Feldspäte	3,15-3,25	0,2[b]
Illite	9,9-10,1	1,0
Vermiculite	14,0-14,6	1,0
WL-Dreischichtminerale	10[c]	0,5
Kaolinite	7,15	0,25

[a] Gewichtungsfaktoren nach LAVES & JÄHN 1972
[b] abgeändert nach Vergleich der Röntgenspektren der Schlufffraktionen mit ihren unter dem Mikroskop ausgezählten Werten
[c] nach Sättigung mit Lithium

Die Bearbeitung der beim Röntgen gewonnenen Rohdaten mit der PHILIPS-ADM-Software erwies sich in einigen Punkten, z.B. der Peakerkennung und der Berechnung relativer Intensitäten ausgewählter Peaks, als durchaus verbesserungsfähig. So mußten aus Halbwertsbreite und Peakhöhe der zur Berechnung herangezogenen Reflexe per Hand die relativen Intensitäten ermittelt werden, bzw. unter Einbeziehung von Gewichtungsfaktoren (LAVES & JÄHN 1972; BRONGER 1976) die Kornzahlprozente der jeweiligen Minerale. Eine Übersicht der gewählten Reflexe und ihrer Gewichtungsfaktoren gibt Tab. 2.
Auf die Schwierigkeit der quantitativen Auswertung der Röntgenspektren wurde in der Literatur bereits mehrfach hingewiesen (z.B. CAROLL 1970; BRONGER 1976; BRUHN 1990; HEINKELE 1990); NIEDERBUDDE (1976) betont besonders die Schwierigkeit bei illitreichen Sedimenten anhand der Röntgenbeugung Tonmineralumwandlungen nachzuweisen. Die Angabe der Mineralanteile innerhalb der Tonfraktionen ist demzufolge nur als eine halbquantitative Abschätzung zu betrachten, die einen Fehler von bis zu 10% aufweisen kann. Die Feststellung von CORRENS & ENGELHARDT (1941), daß die röntgenografische Untersuchung nur Bestandteile sicher zu erkennen vermag, die mehr als 10% des Gemisches ausmachen, gilt so heute jedoch nicht mehr, so daß auch der Kritik von BREMER (1989:363) an der Tonmineralanalyse, die zwar ihre Schwächen hat, hier nicht gefolgt wird. BRONGER & HEINKELE (1990) weisen vielmehr auf die Vorzüge einer detaillierten Tonmineralanalyse hin, gerade was das Erkennen der Verwitterungsrichtung und der Verwitterungsintensität anlangt.

3.5.2 Eisenoxide und -hydroxide

Die Eisenoxide und -hydroxide wurden wegen des aufwendigen Verfahrens nicht für alle Horizonte eines Profils untersucht, sondern der am stärksten rubefizierte Horizont wurde dem jeweiligen Ausgangsmaterial gegenübergestellt.

Die Bestimmung der Eisenminerale erfolgte durch eine differentielle Röntgendiffraktometrie (DXRD), in Anlehnung an die von SCHULZE (1981) beschriebene Methode. Die einfache Röntgendiffraktometrie, wie sie zur Tonmineralbestimmung eingesetzt wurde, ist bereits zur qualitativen Eisenmineralbestimmung problematisch und erst recht zur quantitativen Analyse unbrauchbar. Der meist sehr geringe Gehalt an Eisenmineralen einer Probe sowie die unmittelbare Nähe ihrer Reflexe zu weitaus stärkeren und sie teilweise überlagernden Peaks machen ihre eindeutige Ansprache im XRD-Spektrum fast unmöglich.

Im DXRD-Verfahren werden diese Störfaktoren stark abgeschwächt, indem das XRD-Spektrum einer Probe, dessen dithionitlösliches Eisen extrahiert worden ist, vom XRD-Spektrum der gleichen Probe ohne diese Behandlung subtrahiert wird. Im Idealfall ergibt sich aus dieser Subtraktion ein Spektrum, dessen Peaks ausschließlich den Eisenmineralen zuzuordnen sind. In der Praxis besteht bis zu Fe_d-Gehalten von 5% die Möglichkeit, aus dem DXRD-Spektrum quantitative Aussagen zu treffen, und bis zu 1,8% Fe_d ist eine qualitative Ansprache der Eisenminerale möglich SCHULZE (1981).

Da bei den vorliegenden Proben auch im herkömmlichen DXRD-Verfahren keine zufriedenstellenden Spektren erstellt werden konnten, wurde zusätzlich eine relative Anreicherung der Eisenminerale vorgenommen. Zum einen wurden die Proben zur Zerstörung vor allem der Kaolinite 1h in 5N NaOH gekocht (KÄMPF & SCHWERTMANN 1982), was nach NORRISH & TAYLOR (1961) zu keiner Veränderung der d-Werte des Goethits führt, bzw. nach KÄMPF & SCHWERTMANN (1982) nur für kaolinithaltige Proben gilt, deren freiwerdendes Silizium eine Lösung und Rekristallisation Al-substituierten Goethits verhindert. Da selbst nach dieser Behandlung die qualitative Auswertung der Spektren problematisch schien, wurde außerdem noch vorab eine sedimentäre Anreicherung durchgeführt, indem die überwiegend quarzhaltigen Korngrößenfraktionen $>6\mu m$ verworfen wurden.

Zum Röntgen wurden aus den getrockneten und mit dem Achatmörser feingemahlenen Proben Pulverpräparate erstellt. Die Geräteausstattung entsprach derjenigen der Tonmineralbestimmung (s. Kap. 3.5.1.4.), allerdings konnte mittlerweile aufgrund einer Nachbesserung der PHILIPS-ADM-Software im step-scan-Verfahren geröntgt werden. Zunächst wurde bei einem

Vorschub von 0,14 °2-Theta/Sekunde und einer Meßdauer von 3 s das Spektrum von 2-70 °2-Theta abgefahren, um einen Überblick zu gewinnen, welche eisenhaltigen Minerale zu erwarten waren. Da nur Hämatit- und Goethitreflexe auftraten, genügte es, in einem zweiten intensiveren Durchgang den Bereich von 35-45 °2-Theta zu röntgen, nun mit einem Vorschub von 0,02 °2-Theta/Sekunde und einer Meßzeit von 20 s. Das Verhältnis von Hämatit und Goethit errechnete sich aus den Reflexen der (110)-Linie des Hämatits bei 2,51 Å und der (111)-Linie des Goethits bei 2,44 Å in Analogie zur halbquantitativen Auswertung der Tonminerale. Zur Berechnung des Hämatit/Goethit-Verhältnisses wird nach BOERO & SCHWERTMANN (1987) die Fläche des (110)-Hämatitreflexes mit 1,41 und die Fläche des (111)-Goethitreflexes mit 1,25 multipliziert; in der vorliegenden Arbeit wurde es für ausreichend gehalten, die Fläche des (110)-Hämatitreflexes mit 1,13 zu multiplizieren. Eine Überlappung der (110)-Linie des Hämatits mit der (111)-Linie des Goethits (AMARASIRIWARDENA et al. 1988) konnte nicht nachvollzogen werden. Auf die starke Intensität der (111)-Linie des Goethits wiesen bereits CORRENS & ENGELHARDT (1941) hin, die noch stärkere (110)-Linie bei 4,18 Å wurde zu stark durch Tonmineralreflexe beeinflußt, und die (130)-Linie bei 2,69 Å fällt mit der (104)-Linie des Hämatits bei 2,69 Å zusammen.

Zum Ausgleich des durch die Eisenextraktion veränderten Massenadsorptionskoeffizienten wurde ein für jede Probe einzeln durch Annäherung ermittelter k-Faktor eingesetzt (SCHULZE 1981), mit dem die Werte des eisenfreien Spektrums multipliziert wurden, um einen an Null angenäherten Hintergrund des DXRD-Spektrums zu erhalten. Aufgrund der niedrigeren Fe_d-Werte der vorliegenden Proben im Vergleich zu denen von SCHULZE (1981) erwies sich mit k=0,90-0,95 ein etwas höherer k-Faktor als sinnvoll. Der Einsatz von 10% Korund als internem Standard (BRYANT et al. 1983) wurde nicht durchgeführt, da sich die Eisengehalte bereits an der unteren Grenze der Quantifizierbarkeit befanden. Dies hatte allerdings zur Folge, daß eine Abschätzung der Al-Substituierung im Goethit anhand der Reflexpositionen nicht möglich war, da die nur geringe Verkleinerung der d-Werte (durch Verkleinerung der Gitterkonstanten bei Al-Substitution) ohne Fixpunkt im Spektrum nicht eindeutig erkannt werden konnte.

Da schon geringste Ungenauigkeiten bei der Erstellung der Oberfläche der Pulverpräparate zu einem leichten Versetzen der zu subtrahierenden Spektren führten, wurden diese vorab mit Hilfe der LOTUS-123-Software solange gegeneinander verschoben, bis markante Reflexe genau übereinanderstanden, bzw. bis der Quotient aus der Fläche unter den Eisenmineralpeaks zu der restlichen Fläche des DXRD-Spektrums ein Maximum einnahm. Außerdem erfolgte eine Glättung der Spektren mit dem Dämpfungsfaktor 3.

Zusätzlich zur DXRD-Bestimmung wurden vier ausgewählte Proben Mößbauer-spektroskopisch untersucht, wobei vorab keine Selektion durch Fraktionierung erfolgte. Die Messung wurde bei 8 K (Flüssig-Helium) durchgeführt.

3.6 Bestimmung der organischen Substanz

Die Bestimmung des Gehaltes an organischem Kohlenstoff erfolgte lediglich für die oberen Horizonte. Es wurde die Kohlenstoffanalyse nach dem konduktorischen Bestimmungsverfahren angewendet, d.h. eine Messung der Leitfähigkeitsänderung einer Natriumhydroxidlösung durch bei trockener Veraschung freigesetztes Kohlendioxid (SCHLICHTING & BLUME 1966). Die hier angewandte trockene Oxidation wurde der nassen Veraschung (SCHLICHTING & BLUME 1966) vorgezogen, da der Arbeitsaufwand geringer, die Meßgenauigkeit jedoch mindestens gleichhoch ist, und außerdem das bei der nassen Veraschung benutzte Oxidationsmittel Kaliumdichromat einen vermeidbaren Sondermüll darstellt.

Die Einwaage betrug 200-250 mg um eine Impulszahl zu erzielen, die ausreichend über dem Blindwert lag; die Ofentemperatur wurde auf 600 °C eingestellt. Eine stichprobenartige Kontrolle von Parallelen zeugte von einer guten Reproduzierbarkeit der Analyse. Auf eine Umrechnung der Kohlenstoffgehalte in organische Substanz wurde aufgrund der hohen Schwankungen von C-Gehalten in der organischen Substanz bewußt verzichtet (SCHEFFER & SCHACHTSCHABEL 1989:70), außerdem konnte C_t gleich C_{org} gesetzt werden, da der in Carbonaten gebundene Kohlenstoff regelmäßig unter 0,01 % lag, die Proben praktisch kalkfrei waren.

3.7 Messung bodenchemischer Parameter

3.7.1 Bodenreaktion

Die Bodenreaktion wurde standardgemäß mit einer Einwaage von 10 g Boden und 25 ml destilliertem Wasser bzw. 0,1 n KCl-Lösung gemessen. Die Messung erfolgte mit einem WTW-pH 90-Meter in der Suspension selbst, welche über einen Zeitraum von einer Stunde mehrfach aufgerührt worden war.

3.7.2 Kationenaustauschkapazität

Die Kationenaustauschkapazität wurde mit Natriumaustausch bei pH 8,2 bestimmt; dieses Verfahren wurde der Ammonium-Acetat-Methode bei pH 7,0 vorgezogen, auf deren Probleme bei kaolinit- und vermiculithaltigen Proben CHAPMAN (1965) hingewiesen hat.

Zwei Parallelen mit je 5 g Feinboden wurden viermal mit 30 ml 1 N Natrium-Acetat (pH 8,2) versetzt und anschließend dreimal mit der gleichen Menge 99% Isopropyl-Alkohol gewaschen. Darauf folgte der Rücktausch der Natriumionen mit 1 N Ammonium-Acetat-Lösung (pH 7,0) in ebenfalls drei 30 ml Portionen, die in einem Meßkolben aufgefangen wurden und deren Natriumgehalt an einem EPPENDORF-Flammenphotometer bestimmt wurde.

Ein Nachteil dieser Methode nach CHAPMAN (1965) besteht nach Ansicht des Verfassers in den häufigen Schüttelvorgängen, bei denen kleinste Materialverluste nicht vermieden werden können, die sich dann summieren und zu Fehlern führen können. Weiterhin wird in Zweifel gezogen, ob durch das Waschen mit Isopropyl-Alkohol eine vollständige Entfernung des überschüssigen Natriums erreicht werden kann.

3.7.3 Basensättigung

Die Bestimmung der austauschbaren Na^+-, K^+-, Ca^{2+}- und Mg^{2+}-Ionen erfolgte nach zweimaliger Extraktion mit 25 ml 1 N Ammonium-Acetat-Lösung (pH 7,0) aus 5 g Feinboden (THOMAS 1982) an zwei Parallelen. Die Na-, K- und Ca-Gehalte wurden an einem EPPENDORF-Flammenphotometer gemessen, die Mg-Gehalte an einem PERKIN-ELMER-AAS.

Die Summe der so gemessenen austauschbaren Basen wurde ins Verhältnis zur Kationenaustauschkapazität (s. Kap. 4.5) gesetzt, eine Überprüfung der Basensättigung durch die Bestimmung der austauschbaren Acidität mißlang sowohl nach der Barium-Triethanolamin-Methode (THOMAS 1982) als auch nach der KCl-Methode (THOMAS 1982). Beide Methoden führten unerklärlicherweise zu keinerlei Nachweis überhaupt vorhandener austauschbarer Acidität, was sowohl mit der Bodenreaktion als auch der Basensättigung unvereinbar war.

3.7.4 Eisendynamik

Die Summe der pedogenen Eisenoxide und -hydroxide wurde in Anlehnung an MEHRA & JACKSON (1960) an zwei Parallelen durch Reduktion mit

Natriumdithionit und Komplexbildung mit Natriumcitrat bei natriumbicarbonatgepuffertem pH 7,3 extrahiert. Der 20-minütigen Warmreaktion wurde allerdings die effektivere 24-stündige Kaltreaktion vorgezogen (BRUHN 1990). Nach Augenschein wurde eine zweimalige Extraktion des dithionitlöslichen Eisens (Fe_d) für ausreichend befunden, obwohl bereits NORRISH & TAYLOR (1961) auf die Schwierigkeit hinwiesen, nach der Farbe das Ende der Fe_d-Behandlung zu bestimmen, da zum einen schwer dithionitlöslicher Al-substituierter Goethit sehr blaß und somit schwer zu erkennen sein kann und zum anderen leicht extrahierbarer Hämatit einen starken Farbwechsel hervorruft. Die Messung des Eisens in der Lösung erfolgte an einem PHILIPS-UNICAM-AAS.

Zur Bestimmung des Aktivitätsgrades der Eisenoxide wurde eine selektive Komplexierung der amorphen Eisenverbindungen nach SCHWERTMANN (1964) vorgenommen durch Dunkelreaktion mit Ammoniumoxalat. Eine Beeinflussung dieses Aktivitätsgrades durch hochoxalatlöslichen Magnetit (GAMBLE & DANIELS 1972) konnte ausgeschlossen werden, da dieses Mineral nicht im Boden vorkam. Da Oxalatlösungen im AAS nicht meßbar sind, wurde das oxalatlösliche Eisen (Fe_o) kolorimetrisch bestimmt (BLUME et al. 1984).

3.7.5 Chemismus

Der chemische Gesamtaufschluß wurde an zwei Parallelen nach der Bausch-Analyse durchgeführt, indem 150 mg des mit der Achatkugelmühle feingemahlenen Bodens in einem Gemisch aus 3 ml 60%iger Salpetersäure und 2 ml 40%iger Flußsäure im Sandbad gekocht wurden. Nach Abrauchen des Kondensates und der Restflüssigkeit mit 3 ml 70%iger Perchlorsäure wurde der Rückstand mit verdünnter Salpetersäure aufgenommen, in Meßkolben überführt und mit destilliertem Wasser aufgefüllt. Aus dieser Lösung wurden die Na-, K- und Ca-Gehalte an einem EPPENDORF-Flammenphotometer bestimmt, die Mg- und Fe-Gehalte an einem PHILIPS-UNICAM-AAS gemessen und die Al-Gehalte an einer IPC ermittelt.

Sowohl zur Kontrolle dieser an unterschiedlichen Geräten durchgeführten Messungen als auch zu ihrer Ergänzung vor allem im Hinblick auf Si- und Ti-Gehalte wurde für ausgewählte Proben eine Röntgenfluoreszenzanalyse (RFA) durchgeführt. Dazu wurde wiederum die mit der Achatkugelmühle feingemahlene Substanz verwendet, von der 500 mg zusammen mit 1700 mg Lithiumtetraborat als Schmelzmittel und 300 mg Strontiumcarbonat als internem Standard für die Si- und Al- Messung in einem Graphit-Tiegel aufgeschmolzen wurden. Die Schmelzperle wurde mit einer Widia-Mühle feingemahlen, um Textureffekte weiter zu verringern, mit in Ethylacetat gelöstem Plexigum vermischt, was gleichzeitig die Haftung der Teilchen aneinander erhöhte, und unter leichter Erwärmung bis zum vollständigen Verdampfen der Flüssigkeit in einer Achatschale gemahlen. Dieses Pulver wurde unter einem Druck von etwa 5 t zu einer den Geräteanforderungen entsprechenden Tablette gepreßt. Für die RFA stand ein PHILIPS PW 1400-Röntgenspektrometer zur Verfügung, gemessen wurde mit einer Chrom-Anode an 50 kV und 50 mA, als Beugungskristalle wurden für Na und Mg Thalliumammoniumphthalat, für Al, Si und Sr Pentaerythrol und für K, Ca, Ti, Mn und Fe Lithiumfluorid (200) eingesetzt. In der Regel wurden die K_α-Linien gemessen, lediglich bei Ca die K_β-Linie und bei Sr die L_α-Linie. Die Zählzeiten für peak und background wurden für jedes Element per Impulsstatistik so gewählt, daß der Meßfehler jeweils unter 0,2 % lag. Abschließend wurden die gemessenen Werte um langfristig ermittelte gerätebedingte konstante Abweichungen korrigiert.

4. Ergebnisse und pedologische Deutung

4.1 Beschreibung der Böden

4.1.1 Ansprache der Profile

Die Ansprache der Profile im Gelände wurde dadurch erschwert, daß keine eindeutigen Horizontgrenzen auszumachen waren, und überhaupt die Profildifferenzierung nicht sehr ausgeprägt war. Im folgenden wird in tabellarischer Form die Beschreibung der Bodenprofile gegeben. Die Horizontbezeichnungen entsprechen den Definitionen von SCHEFFER & SCHACHTSCHABEL (1989).
Die Ansprache von Tonanreicherungshorizonten erfolgte wegen der nicht ausreichenden sedimentären Homogenität (s. Kap. 4.3) allein auf der Grundlage der mikromorphologischen Untersuchungen (s. Kap. 4.1.2), also dem Anteil von "illuviation argillans" im Dünnschliff.
Bei der Angabe der Farbwerte wurden z.T. auch Zwischenwerte gebildet, einerseits um den relativ großen Sprung von 5YR zu 2,5 YR zu vermeiden, andererseits um auch die z.T. geringen Farbdifferenzen noch beschreiben zu können.

Das Profil LALMATIYA (Deokhuri)

Das gesamte Profil wies ein polyedrisches, sehr bröckliges Gefüge auf mit sehr fließenden Horizontübergängen. Der Aufschluß reichte bis 240 cm, das Ausgangsmaterial des Bodens konnte in wenigen Metern Entfernung beprobt werden, die Grenze zwischen BlCv und lCvSg war jedoch nicht zu ermitteln.

0-30 cm	AB	reiner A-Horizont bereits nicht mehr vorhanden, dennoch starke Durchsetzung mit Feinwurzeln; mittel schluffiger Ton, Farbwert: 3,75 YR 5/8
30-80 cm	Bv 1	mittlere Durchwurzelung; mittel schluffiger Ton, Farbwert: 3,75 YR 5/8
80-110 cm	Bv 2	mittlere Durchwurzelung; mittel schluffiger Ton, Farbwert: <3,75 YR 4/8
110-210 cm	Bv 3	schwache Durchwurzelung; mittel schluffiger Ton, Farbwert: 5 YR 4/8
> 210 cm	lCBv	sehr schwache Durchwurzelung; schluffig-toniger Lehm, etwas heller und mit schwarzen Konkretionen, Farbwert: 5 YR 5/8
	(B)lCtg	durch Hydromorphierung gelb-rot geflecktes schluffreiches Lockersediment, Farbwert der Matrix überwiegend 7,5 YR 5/8

Das Profil BHALUBANG (Deokhuri)

Das Profil war gekappt, so daß sich über den A-Horizont keinerlei Aussagen machen lassen. In einer Tiefe von 2 m war der Aufschluß unterbrochen und um drei Meter seitlich versetzt, an anderer Stelle des Erosionsgrabens konnte der IIC-Horizont freigelegt werden. Das Profil wies durchgehend ein Polyedergefüge auf, in 30 cm Tiefe befand sich eine dünne Steinlage.

0-90 cm	Bv 1	schwach toniger Lehm, in den obersten Dezimetern etwas sandiger, wahrscheinlich durch Fremdeintrag; Farbwert: 6,25 YR 5/6
90-120 cm	B(t)v 2	schluffig-toniger Lehm, am stärksten rubefizierter Horizont mit Farbwert: 3,75 YR 5/8; leichte Hydromorphierung
120-190 cm	lCBtg	schwach toniger Lehm, deutliche Hydromorphierung mit 5 YR 5/8 in der Matrix und 7,5 YR 6/6 in den gebleichten Zonen, schwarze Konkretionen
190-300 cm	(B)lCtg	schwach toniger Lehm, deutliche Hydromorphierung mit 5 YR 5/8 in der Matrix und 7,5 YR 6/6 in den gebleichten Zonen, schwarze Konkretionen
	IIC(g)	hydromorphiertes schluffreiches Lockersediment mit vielen schwarzen Konkretionen, Farbwert: 7,5 YR 6/6

Das Profil SAMPMARG (Deokhuri)

Die Proben sind nachträglich nur unter Angabe der Entnahmetiefe zugeleitet worden, so daß eine Horizontierung und Charakterisierung des Profils an dieser Stelle nicht vorgenommen werden kann. Dünnschliffe konnten ebenfalls leider aus dem sehr bröckeligen Material nicht erstellt werden. Die Horizontbezeichnungen sind an den benachbarten Profilen ausgerichtet sowie aus den weiteren Analysen abgeleitet.

10 cm	A
100 cm	Bv 1
210 cm	Bv 2
230 cm	B(t)v
400 cm	IIC
500 cm	IIC

Das Profil KUREPANI (Dang)

Der Aufschluß reichte 230 cm tief und endete dort an einer Schotterschicht mit im Mittel 2 cm großen Kiesen. Der A-Horizont war weitgehend erodiert, konnte aber in wenigen Metern Entfernung unter Vegetation gefunden werden. Das an anderer Stelle des Erosionsgrabens als C-Horizont vermutete Material erwies sich als IIC-Horizont. Das Profil wies durchgehend polyedrisches Gefüge auf.

0-30 cm	AB	stark durchwurzelt; lehmiger Ton, Farbwert: >5 YR 5/8
30-70 cm	Bv 1	etwas gelblicher als das darunter liegende Material wirkender lehmiger Ton, Farbwert: >5 YR 5/8
70-130 cm	Bv 2	lehmiger Ton, sehr homogen, Farbwert: 5 YR 5/7
130-230 cm	CBtg	gelblicher mittel toniger Lehm, ab 180 cm sehr wenige stark zersetzte weißliche Steinchen (< 5 mm), die nach unten zunahmen, schwarze Konkretionen, Farbwert: 6,25 YR 5/7
	IIC	hydromorphiertes, feinsandreiches, gelbliches Lockersediment, Farbwert der Matrix: 10 YR 7/3, mit rötlichen (7,5 YR 6/8) Flecken

Das Profil JINGMI (Dang)

Das Profil reichte 200 cm tief, zur Verifizierung des untersten Bereiches des Profils als Ausgangsmaterial wurde in geringer Entfernung des Aufschlusses eine Probe aus 250 cm Tiefe entnommen. Das Profil wies in allen Horizonten ein polyedrisches Gefüge auf.

0-23 cm	A	graugelber schluffig-toniger Lehm, Farbwert: 8,75 YR 5/6
23-50 cm	Bv 1	lehmiger Ton, Farbwert: 6,25 YR 5/7
50-80 cm	Bv 2	lehmiger Ton, Farbwert: 6,25 YR 5/6
80-105 cm	Bv 3	lehmiger Ton, Farbwert: 5 YR 5/7
105-140 cm	Bg	hydromorphierter lehmiger Ton mit nach unten zunehmenden schwarzen Konkretionen, Farbwert: 5 YR 5/7
> 140 cm	(B)lCtg	allmählicher Übergang vom CBg zum (B)Cg, schluffig-toniges, hydromorphiertes Lockersediment, Farbwert der Matrix: 7,5 YR 6/6, Farbwert der rötlichen Flecken: 5 YR 4/8

Das Profil GIDHNIYA (Tui)

Bei diesem Profil handelte es sich um einen offenbar jüngeren, weit weniger rubefizierten Boden, der bis etwa 120 cm Tiefe reichte, aufgrund der tiefen Erosionsschlucht konnte in ca. 20 m Entfernung auch IIIC-Material aus mehreren Metern Tiefe angesprochen werden.

0-15 cm	A	stark durchwurzelter, schluffig-sandiger Lehm, Farbwert: 10 YR 6/4
15-75 cm	B(t)v	schwach toniger Lehm, Farbwert: 7,5 YR 5/7 (6/6)
75-120 cm	BlC	schluffig-sandiger Lehm, Farbwert: 10 YR 6/6
> 120 cm	IIC	sehr feinsandreiches Lockersediment, Farbwert: 10 YR 7/6
ca. 5-7 m	IIIC	ton- und schluffreiches, leicht hydromorphiertes Lockersediment, Farbwert: 10 YR 6/7

Der Aufschluß BABAI KHOLA (Dang)

Bei diesem Aufschluß ergab sich die Gelegenheit ein stark rubefiziertes Sediment mit in die Untersuchung einzubeziehen, das unter mehreren Metern wesentlich gelblicherem Material begraben war. Die durch den angrenzenden Flußlauf angeschnittene Sedimentdecke umfaßte eine Tiefe von etwa 9 m.

0-6 m	IIC	tonig-lehmiges Lockersediment, im Bereich um 1-2 m tonreicher und sandärmer, Farbwert
> 6 m	IIIC	schluffig-toniges Lockersediment, stark hydromorphiert, schwarze Konkretionen, aber auch noch vereinzelt Gesteinsgrus

4.1.2 Mikromorphologische Charakteristika

Die Mineralzusammensetzung sowohl der Bodenhorizonte, als auch der verschiedenen Bodenprofile, ist innerhalb der mikromorphologisch erfaßbaren Kornfraktionen weitestgehend gleich. Zumindest konnten keine quantifizierbaren Unterschiede ermittelt werden, was auch nicht Zweck der mikromorphologischen Studien war. Aus diesem Grunde gilt die vorgeschaltete Beschreibung der Mineralzusammensetzung für alle folgenden Horizonte, soweit auf Ausnahmen nicht ausdrücklich hingewiesen wird.

Mineralzusammensetzung:
  Fraktion >50 µm (c): überwiegend Quarze, sehr selten mit eingeschlossenen Rutilnädelchen, häufig um einige Winkelgrade gegeneinander verstellte Individuen mit stark undulöser Auslöschung, aber auch Quarze mit völlig gleichmäßiger Auslöschung, teilweise mit randlicher feinkristalliner Rekristallisation; etliche Quarzite, fast regelmäßig als kataklastische Gesteinsreste mit "Mörtelstruktur" (WIMMENAUER 1985:315); einige extrem feinkristalline Silicate, die offenbar schwach metamorphe Radiolarite (Kieselschiefer) sind, z.T. braun, z.T. schwärzlich gefärbt (vgl. MATTHES 1990:303); wenige Feldspäte, dann Kaliumfeldspäte, z.T. randlich angewittert; Glimmerbestand nur zu wenigen Prozenten aus Biotiten bestehend, diese teils unverwittert, teils bereits ohne Pleochroismus; vereinzelte Hornblenden mit deutlichem Pleochroismus; zahlreiche schwer in Komponenten identifizierbare Gesteinsreste, mit Quarz- und Glimmeranteilen, mehr oder weniger mit Eisenoxiden oder -hydroxiden überzogen
  Fraktion <50 µm (f): schluff- und tonreiche, rotbraune, gefleckte Matrix

Profil LALMATIYA (DEOKHURI)

AB-Horizont (20 cm)
Mikrostruktur:
  teils kavernöses, teils gut entwickeltes Schwammgefüge mit nicht orientierten und relativ gleichmäßig verteilten Aggregaten; Porenvolumen ca. 40%, davon über die Hälfte weite Grobporen
Mineralzusammensetzung:
  c/f-Grenze bei 50 µm, c/f-Verhältnis 35/65, unsortiert
Grundmasse:
  c/f-Relativverteilung ist zweifach weit porphyrisch; sehr schwach porenstreifiges und schwach ausgebildetes mosaikförmig geflecktes b-Gefüge
Pedofeatures:
  textural: ca. 1% illuviation argillans, gelblich-bräunlich, sehr dünne Beläge
  kryptokristallin und amorph: weniger als 2% typische Fe/Mn-Konkretionen, meist 500-1000 µm, stark imprägnierend

Bv 1-Horizont (55 cm)
Mikrostruktur:
> teils kavernöses Gefüge, teils Schwammgefüge mit nicht orientierten und relativ gleichmäßig verteilten Aggregaten; Porenvolumen ca. 40%, davon über die Hälfte weite Grobporen, z.T. in Gangform

Mineralzusammensetzung:
> c/f-Grenze bei 50 µm; c/f-Verhältnis 40/60; unsortiert

Grundmasse:
> c/f-Relativverteilung ist zweifach weit porphyrisch; schwach ausgebildetes mosaikförmig geflecktes b-Gefüge, selten kornstreifig

Pedofeatures:
> *textural*: illuviation argillans nur an einer Stelle als Fragment in der Matrix
> *kryptokristallin und amorph*: etwa 2% typische Fe/Mn-Konkretionen, stark imprägnierend, meist 500-1000 µm, auch als Fragmente; Fe/Mn-Hypobeläge (wandständige Beläge) an Leitbahnen

Bv 2-Horizont (95 cm)
Mikrostruktur:
> teils kavernöses Gefüge, teils Schwammgefüge, gehäufte Anordnung der stärker entwickelten Aggregate, verknüpft mit höherem Porenvolumen; Porenvolumen ca. 25(50)%

Mineralzusammensetzung:
> c/f-Grenze bei 50 µm; c/f-Verhältnis 50/50; unsortiert
> *feine Fraktion*: teils schluff- und tonreiche, rotbraune, gefleckte Matrix, teils gelbgraue Matrix

Grundmasse:
> c/f-Relativverteilung ist in den rotbraunen Bereichen weit porphyrisch, in den gelbgrauen Bereichen eng porphyrisch; Kompartimentierung zum Teil streifig angeordnet mit einer Streifenbreite von etwa 300 µm; mosaikförmig geflecktes b-Gefüge

Pedofeatures:
> *textural*: keine illuviation argillans
> *kryptokristallin und amorph*: etwa 2% typische, stark imprägnierende Fe/Mn-Konkretionen in der Größe von etwa 500-1000 µm

Bv 3-Horizont (140 cm)
Mikrostruktur:
> kavernöses Gefüge mit ca. 20% Porenvolumen, häufig als Gangform

Mineralzusammensetzung:
> c/f-Grenze bei 50 µm; c/f-Verhältnis 35/65; unsortiert

Grundmasse:
> c/f-Relativverteilung ist zweifach porphyrisch; häufig kornstreifiges, schwach mosaikförmig geflecktes b-Gefüge; schwach erkennbare Kompartimentierung

Pedofeatures:
> *textural*: weniger als 1% illuviation argillans, meist gelblich-bräunlich; feinsandreiche, kaum rubefizierte, dichte, unvollständige Hohlraumfüllung
> *kryptokristallin und amorph*: weniger als 2% typische, stark imprägnierende Fe/Mn-Konkretionen in der Größe von etwa 500-1000 µm; Gangwände oft mit Fe/Mn-Hypobelägen, z.T. mit illuviation argillans überlagert

Bv 3-Horizont (180 cm)
Mikrostruktur:
> kavernöses Gefüge; Porenvolumen ca. 35%, selten Gänge, Risse mit teilweise gut zusammenpassendem Wandrelief

Mineralzusammensetzung:
> c/f-Grenze bei 50 µm; c/f-Verhältnis 40/60; unsortiert

Grundmasse:
> c/f-Relativverteilung ist zweifach weit porphyrisch; schwach mosaikförmig geflecktes, selten kornstreifiges b-Gefüge

Pedofeatures:
> *textural*: weniger als 1% gelblich-bräunliche illuviation argillans
> *kryptokristallin und amorph*: etwa 5% typische, stark imprägnierende Fe/Mn-Konkretionen; selten Fe/Mn-Hypobeläge an Porenwänden

lCBv-Horizont (230 cm)
Mikrostruktur:
> kavernöses Gefüge, teils Gänge, teils Risse, Porenvolumen ca. 40%

Mineralzusammensetzung:
> c/f-Grenze bei 50 µm; c/f-Verhältnis 35/65; unsortiert

Grundmasse:
> c/f-Relativverteilung ist zweifach weit porphyrisch; schwach mosaikförmig geflecktes b-Gefüge

Pedofeatures:
> *textural*: weniger als 1% gelblich-bräunliche illuviation argillans
> *kryptokristallin und amorph*: etwa 5% Fe/Mn-Konkretionen, entweder typisch, nukleisch oder Halo-Typ, meist stark imprägnierend

(B)lCtg-Horizont (370 cm)
Mikrostruktur:
> subpolyedrisches Gefüge mit Kavernen und Gängen, Porenvolumen ca. 40%, davon etwa 2/3 als Risse

Mineralzusammensetzung:
> c/f-Grenze bei 50 µm; c/f-Verhältnis 45/55; unsortiert

Grundmasse:
> c/f-Relativverteilung ist zweifach weit porphyrisch; schwach mosaikförmig geflecktes b-Gefüge

Pedofeatures:
> *textural*: etwa 2-3% illuviation argillans, teils gelbbraun, teils rotbraun, z.T. auch als Fragmente in der Matrix
> *kryptokristallin und amorph*: diffus hydromorph gefleckt; weniger als 2% typische, schwach imprägnierende Fe/Mn-Konkretionen

Profil BHALUBANG (DEOKHURI)

Bv 1-Horizont (20 cm)
Mikrostruktur:
    kavernöses Gefüge, teils Gänge, Porenvolumen ca. 35%
Mineralzusammensetzung:
    c/f-Grenze bei 50 µm; c/f-Verhältnis 35/65; unsortiert
Grundmasse:
    c/f-Relativverteilung ist zweifach weit porphyrisch; schwach mosaikförmig geflecktes b-Gefüge
Pedofeatures:
    textural: weniger als 1% gelbbraune illuviation argillans
    kryptokristallin und amorph: etwa 5% typische oder nukleische, schwach imprägnierende Fe/Mn-Konkretionen

Bv 1-Horizont (70 cm)
Mikrostruktur:
    kavernöses Gefüge, wenige Risse, Porenvolumen ca. 35%
Mineralzusammensetzung:
    c/f-Grenze bei 50 µm; c/f-Verhältnis 35/65; unsortiert
Grundmasse:
    c/f-Relativverteilung ist zweifach weit porphyrisch; schwach mosaikförmig geflecktes b-Gefüge, z.T. auch parallel- oder zufallsstreifig, schwach verwürgtes Aussehen der Matrix
Pedofeatures:
    textural: etwa 1% illuviation argillans, häufig auch als Fragmente in der Matrix
    Verarmungen: deutlich gebleichte Zonen
    kryptokristallin und amorph: deutlich hydromorph gefleckt; Fe/Mn-Hypobeläge an den Porenwänden; weniger als 1% Fe/Mn-Konkretionen, meist < 100 µm

B(t)v 2-Horizont (110 cm)
Mikrostruktur:
    kavernöses Gefüge mit Gängen und schmalen Rissen, Porenvolumen ca. 30%
Mineralzusammensetzung:
    c/f-Grenze bei 50 µm; c/f-Verhältnis 35/65; unsortiert
Grundmasse:
    c/f-Relativverteilung ist zweifach weit porphyrisch; überwiegend parallelstreifig bis zufallsstreifiges b-Gefüge, sehr verwürgtes Aussehen der Matrix
Pedofeatures:
    textural: etwa 2% illuviation argillans, von sehr hellgelb bis dunkelrotbraun
    Verarmungen: deutlich gebleichte Zonen
    kryptokristallin und amorph: stark hydromorph gefleckt; Fe/Mn-Hypobeläge an Poren- und Rißwänden, z.T. als Krusten scharf gegen die Matrix abgegrenzt, teilweise auch mit illuviation argillans überlagert; weniger als 1% Fe/Mn-Konkretionen, auch bis zu 1000 µm groß

lCBtg-Horizont (155 cm)
Mikrostruktur:
: kavernöses Gefüge mit Gängen und wenigen Rissen, Porenvolumen ca. 25%

Mineralzusammensetzung:
: c/f-Grenze bei 50 μm; c/f-Verhältnis 35/65; unsortiert

Grundmasse:
: c/f-Relativverteilung ist ein- bis zweifach weit porphyrisch; schwach mosaikförmig geflecktes b-Gefüge

Pedofeatures:
: *textural*: etwa 3-4% illuviation argillans, meist gelbbraun, selten rötlich
: *Verarmungen*: gebleichte Zonen
: *kryptokristallin und amorph*: diffuse hydromorphe Flecken; Fe/Mn-Hypobeläge an den Porenwänden z.T. mit illuviation argillans überlagert; weniger als 1% Fe/Mn-Konkretionen, von denen die kleineren (ca. 100 μm) stark imprägnierend sind und die größeren (ca. 500 μm) mäßig imprägnierend

(B)lCtg-Horizont (220 cm)
Mikrostruktur:
: kavernöses Gefüge mit vielen Rissen, kaum Gangformen, Porenvolumen ca. 25%

Mineralzusammensetzung:
: c/f-Grenze bei 50 μm; c/f-Verhältnis 30/70; unsortiert

Grundmasse:
: c/f-Relativverteilung ist zweifach weit porphyrisch; schwach mosaikförmig geflecktes b-Gefüge

Pedofeatures:
: *textural*: etwa 2% meist rotbraune illuviation argillans
: *Verarmungen*: gebleichte Zonen
: *kryptokristallin und amorph*: häufig stark ausgeprägte verkrustete Fe/Mn-Hypobeläge, die gegen die Matrix scharf abgegrenzt und z.T. mit illuviation argillans überlagert sind; etwa 1% typische bis nukleische, meist stark imprägnierende Fe/Mn-Konkretionen

(B)lCtg-Horizont (290 cm)
Mikrostruktur:
: kavernöses Gefüge mit Gängen und Rissen, Porenvolumen ca. 20-25%

Mineralzusammensetzung:
: c/f-Grenze bei 50 μm; c/f-Verhältnis 30/70; unsortiert

Grundmasse:
: c/f-Relativverteilung ist zweifach weit porphyrisch; häufig porenstreifiges, selten parallelstreifiges b-Gefüge, sehr schwach verwürgtes Aussehen der Matrix

Pedofeatures:
: *textural*: weniger als 2% gelblich- bis rötlichbraune illuviation argillans
: *Verarmungen*: gebleichte Zonen, z.T. relativ scharf abgegrenzt
: *kryptokristallin und amorph*: deutliche hydromorphe Flecken; weniger als 1% typische Fe/Mn-Konkretionen von <100 μm

IIC(g)-Horizont (570 cm)
Mikrostruktur:
> kavernöses Gefüge mit Gängen und zahlreichen z.T. sehr schmalen Rissen, inselhaft kompaktes Gefüge, Porenvolumen ca. 25%

Mineralzusammensetzung:
> c/f-Grenze bei 50 µm; c/f-Verhältnis 30/70; unsortiert; inselhaftes Auftreten von c/f-Verhältnis 80/20 mit mäßig guter Sortierung der Fraktion 100-200 µm
> *feine Fraktion*: schluff- und tonreiche, rotbraune, gefleckte Matrix, inselhaft gelbgraue Matrix

Grundmasse:
> c/f-Relativverteilung ist zweifach weit porphyrisch; schwach mosaikförmig geflecktes b-Gefüge, teils auch porenstreifig und zufallsstreifig; inselhaft sehr enge c/f-Relativverteilung; insgesamt schwach verwürgter Eindruck

Pedofeatures:
> *textural*: etwa 1% rotbraune illuviation argillans
> *kryptokristallin und amorph*: etwa 2% mäßig imprägnierende, typische Fe/Mn-Konkretionen; wenige Fe/Mn-Hypobeläge, nur z.T. mit illuviation argillans überlagert

Profil KUREPANI (DANG)

AB-Horizont (20 cm)
Mikrostruktur:
> Schwammgefüge mit zahlreichen Gängen, Porenvolumen ca. 40-45%

Mineralzusammensetzung:
> c/f-Grenze bei 50 µm; c/f-Verhältnis 30/70; unsortiert

Grundmasse:
> c/f-Relativverteilung ist weit porphyrisch; schwach mosaikförmig geflecktes b-Gefüge

Pedofeatures:
> *textural*: weniger als 1% illuviation argillans, z.T. als Fragment in der Matrix
> *kryptokristallin und amorph*: etwa 2% typische Fe/Mn-Konkretionen, stark bis mäßig imprägnierend von 100-1000 µm Größe

Bv 1-Horizont (50 cm)
Mikrostruktur:
> Schwammgefüge mit zahlreichen Gängen, Porenvolumen ca. 35%

Mineralzusammensetzung:
> c/f-Grenze bei 50 µm; c/f-Verhältnis 30/70; unsortiert

Grundmasse:
> c/f-Relativverteilung ist weit porphyrisch; schwach mosaikförmig geflecktes b-Gefüge, teilweise kornstreifiges b-Gefüge

Pedofeatures:
> *textural*: keine illuviation argillans
> *kryptokristallin und amorph*: etwa 5% typische bis nukleische Fe/Mn-Konkretionen, mäßig imprägnierend

Bv 2-Horizont (90 cm)
Mikrostruktur:
    Schwammgefüge bis kavernöses Gefüge, Porenvolumen ca. 35%
Mineralzusammensetzung:
    c/f-Grenze bei 50 µm; c/f-Verhältnis 30/70; unsortiert
Grundmasse:
    c/f-Relativverteilung ist weit porphyrisch; schwach mosaikförmig geflecktes b-Gefüge, selten kornstreifig
Pedofeatures:
    textural: fast keine illuviation argillans, die wenigen vorhandenen sind hellgelb bis bräunlich gefärbt
    kryptokristallin und amorph: etwa 7% typische bis nukleische Fe/Mn-Konkretionen, schwach bis stark imprägnierend; hydromorphe Flecken

Bv 2-Horizont (115 cm)
Mikrostruktur:
    kavernöses Gefüge mit Gängen und zahlreichen z.T. sehr breiten Rissen, Porenvolumen ca. 40%
Mineralzusammensetzung:
    c/f-Grenze bei 50 µm; c/f-Verhältnis 25/75; unsortiert
Grundmasse:
    c/f-Relativverteilung ist weit porphyrisch; schwach mosaikförmig geflecktes b-Gefüge
Pedofeatures:
    textural: fast keine illuviation argillans, die wenigen vorhandenen sind hellgelb bis bräunlich gefärbt
    kryptokristallin und amorph: etwa 7% typische Fe/Mn-Konkretionen, z.T. abgesondert, meist mäßig imprägnierend; hydromorphe Flecken

CBg-Horizont (155 cm)
Mikrostruktur:
    kavernöses Gefüge mit Gängen und Rissen, Porenvolumen ca. 30%
Mineralzusammensetzung:
    c/f-Grenze bei 50 µm; c/f-Verhältnis 25/75; unsortiert
Grundmasse:
    c/f-Relativverteilung ist weit porphyrisch; meist schwach mosaikförmig geflecktes b-Gefüge, teils auch parallel- und kornstreifig; schwach verwürgtes Aussehen
Pedofeatures:
    textural: etwa 1% meist hellgelb bis bräunliche illuviation argillans
    Verarmungen: schwach ausgeprägte Bleichzonen
    kryptokristallin und amorph: etwa 5-7% meist typische Fe/Mn-Konkretionen, mäßig bis schwach imprägnierend; hydromorphe Flecken

CBtg-Horizont (205 cm)
Mikrostruktur:
    kavernöses Gefüge mit Gängen und wenigen Rissen, Porenvolumen ca. 25-30%
Mineralzusammensetzung:
    c/f-Grenze bei 50 µm; c/f-Verhältnis 30/70; unsortiert
Grundmasse:
    c/f-Relativverteilung ist weit porphyrisch; schwach mosaikförmig geflecktes b-Gefüge, häufig zufallsstreifig, teils auch parallel- und kornstreifig

Pedofeatures:
>   *textural*: etwa 2% illuviation argillans, gelblich- bis rötlichbraun gefärbt
>   *Verarmungen*: deutlich gebleichte Zonen
>   *kryptokristallin und amorph*: sehr stark hydromorph gefleckt; selten Fe/Mn-Hypobeläge; etwa 2% typische Fe/Mn-Konkretionen, mäßig imprägnierend

IIC-Horizont (600 cm)
Mikrostruktur:
>   kavernöses Gefüge mit Gängen und wenigen Rissen, Porenvolumen ca. 40%

Mineralzusammensetzung:
>   c/f-Grenze bei 50 μm; c/f-Verhältnis 50/50; schwach ausgeprägte Feinsandsortierung
>   *grobe Fraktion*: fast nur Quarze, wenige Glimmer und Feldspäte; teils Gesteinsreste
>   *feine Fraktion*: graubraune gefleckte Matrix

Grundmasse:
>   c/f-Relativverteilung ist einfach bis eng porphyrisch; deutlich korn- und porenstreifiges b-Gefüge

Pedofeatures:
>   *textural*: weniger als 1% illuviation argillans, teilweise schon etwas gealtert mit schwächerer Doppelbrechung als Fragment in der Matrix
>   *kryptokristallin und amorph*: weniger als 1% typische Fe/Mn-Konkretionen, stark imprägnierend; hydromorph gefleckt

Profil JINGMI (DANG)

A-Horizont (15 cm)
Mikrostruktur:
>   kavernöses Gefüge bis Schwammgefüge mit Gängen und zahlreichen z.T. sehr schmalen Rissen, Porenvolumen ca. 35%

Mineralzusammensetzung:
>   c/f-Grenze bei 50 μm; c/f-Verhältnis 20/80; unsortiert
>   *feine Fraktion*: schluffreiche graubraune Matrix

Grundmasse:
>   c/f-Relativverteilung ist weit porphyrisch; schwach mosaikförmig geflecktes b-Gefüge

Pedofeatures:
>   *textural*: weniger als 1% illuviation argillans
>   *kryptokristallin und amorph*: etwa 5% typische Fe/Mn-Konkretionen, mäßig bis stark imprägnierend

Bv 1-Horizont (40 cm)
Mikrostruktur:
>   kavernöses Gefüge mit Gängen und zahlreichen Rissen, Porenvolumen ca. 20%

Mineralzusammensetzung:
>   c/f-Grenze bei 50 μm; c/f-Verhältnis 15/85; unsortiert

Grundmasse:
>   c/f-Relativverteilung ist weit porphyrisch; schwach mosaikförmig geflecktes b-Gefüge

Pedofeatures:
>   *textural*: keine illuviation argillans an den Porenwandungen, lediglich vereinzelt als Fragment in der Matrix
>   *kryptokristallin und amorph*: etwa 5% typische Fe/Mn-Konkretionen, meist stark imprägnierend

Bv 2-Horizont (70 cm)
Mikrostruktur:
    kavernöses Gefüge mit Gängen und zahlreichen Rissen, Porenvolumen ca. 20%
Mineralzusammensetzung:
    c/f-Grenze bei 50 µm; c/f-Verhältnis 10/90; unsortiert
Grundmasse:
    c/f-Relativverteilung ist weit porphyrisch; schwach mosaikförmig geflecktes, teils kornstreifiges b-Gefüge
Pedofeatures:
    textural: keine illuviation argillans
    kryptokristallin und amorph: etwa 5% typische bis nukleische Fe/Mn-Konkretionen, mäßig bis stark imprägnierend

Bv 3-Horizont (100 cm)
Mikrostruktur:
    kavernöses Gefüge mit Gängen und Rissen, Porenvolumen ca. 20%
Mineralzusammensetzung:
    c/f-Grenze bei 50 µm; c/f-Verhältnis 10/90; unsortiert
Grundmasse:
    c/f-Relativverteilung ist weit porphyrisch; schwach mosaikförmig geflecktes b-Gefüge
Pedofeatures:
    textural: fast keine illuviation argillans
    Verarmungen: schwach ausgeprägte Bleichzonen
    kryptokristallin und amorph: etwa 10% typische Fe/Mn-Konkretionen, mäßig bis stark imprägnierend

Bg-Horizont (125 cm)
Mikrostruktur:
    kavernöses Gefüge mit Gängen und Rissen, Porenvolumen ca. 30%
Mineralzusammensetzung:
    c/f-Grenze bei 50 µm; c/f-Verhältnis 10/90; unsortiert
Grundmasse:
    c/f-Relativverteilung ist weit porphyrisch; schwach mosaikförmig geflecktes b-Gefüge
Pedofeatures:
    textural: fast keine illuviation argillans
    Verarmungen: schwach ausgeprägte Bleichzonen
    kryptokristallin und amorph: etwa 10-15% typische Fe/Mn-Konkretionen, mäßig bis stark imprägnierend

(B)lCg-Horizont (175 cm)
Mikrostruktur:
    kavernöses Gefüge mit Gängen und zahlreichen Rissen, Porenvolumen ca. 30%
Mineralzusammensetzung:
    c/f-Grenze bei 50 µm; c/f-Verhältnis 10/90; unsortiert
Grundmasse:
    c/f-Relativverteilung ist weit porphyrisch; parallel- und zufallsstreifiges, teils auch kornstreifiges b-Gefüge

Pedofeatures:
    textural: etwa 1% hellgelbe illuviation argillans
    Verarmungen: deutliche Bleichzonen
    kryptokristallin und amorph: etwa 5% typische Fe/Mn-Konkretionen, schwach bis stark imprägnierend; stark hydromorph gefleckt; wenige Fe/Mn-Hypobeläge, z.T. stark verkrustet

(B)lCtg-Horizont (250 cm)
Mikrostruktur:
    kavernöses Gefüge mit meist sehr schmalen Rissen, Porenvolumen ca. 20%
Mineralzusammensetzung:
    c/f-Grenze bei 50 μm; c/f-Verhältnis 10/90; unsortiert
Grundmasse:
    c/f-Relativverteilung ist weit porphyrisch; häufig parallel-, selten zufallstreifiges b-Gefüge; stark verwürgter Eindruck
Pedofeatures:
    textural: etwa 3-4% illuviation argillans, z.T. in die Matrix verwürgt
    Verarmungen: deutliche Bleichzonen
    kryptokristallin und amorph: ca. 5% typische Fe/Mn-Konkretionen, mäßig bis stark imprägnierend; sehr stark hydromorph gefleckt

Profil GIDHNIYA (TUI)

A-Horizont (10 cm)
Mikrostruktur:
    schwach ausgeprägtes Schwammgefüge, Porenvolumen ca. 40%
Mineralzusammensetzung:
    c/f-Grenze bei 50 μm; c/f-Verhältnis 40/60; unsortiert
    grobe Fraktion: äußerst quarzreich
    feine Fraktion: braune, gefleckte Matrix
Grundmasse:
    c/f-Relativverteilung ist einfach porphyrisch bis chitonisch; schwach mosaikförmig geflecktes b-Gefüge
Pedofeatures:
    textural: weniger als 1% illuviation argillans, schwach doppelbrechend
    kryptokristallin und amorph: weniger als 1% typische Fe/Mn-Konkretionen, stark imprägnierend, etwa 100-200 μm groß

B(t)v-Horizont (35 cm)
Mikrostruktur:
    kavernöses bis schwach ausgeprägtes Schwammgefüge mit einigen Gängen, Porenvolumen ca. 35%
Mineralzusammensetzung:
    c/f-Grenze bei 50 μm; c/f-Verhältnis 35/65; unsortiert
    feine Fraktion: braune, gefleckte Matrix
Grundmasse:
    c/f-Relativverteilung ist meist eng bis einfach weit porphyrisch; schwach mosaikförmig geflecktes b-Gefüge

Pedofeatures:
> *textural*: weniger als 1% illuviation argillans; Fragmente offenbar abgeplatzter Fe/Mn-Hypobeläge in Hohlräumen
> *kryptokristallin und amorph*: weniger als 1% typische Fe/Mn-Konkretionen, mäßig bis stark imprägnierend

B(t)v-Horizont (60 cm)
Mikrostruktur:
> kavernöses Gefüge mit Gängen, Porenvolumen ca. 30%

Mineralzusammensetzung:
> c/f-Grenze bei 50 µm; c/f-Verhältnis 35/65; unsortiert
> *feine Fraktion*: braune, gefleckte Matrix

Grundmasse:
> c/f-Relativverteilung ist einfach weit bis eng porphyrisch; häufig deutlich kornstreifiges, schwach mosaikförmig geflecktes b-Gefüge

Pedofeatures:
> *textural*: etwa 2% illuviation argillans, häufig sehr dünne Beläge; Partikel > 100 µm oft von dunklerem Feinstmaterial umgeben
> *kryptokristallin und amorph*: weniger als 1% typische Fe/Mn-Konkretionen, stark imprägnierend, etwa 100-200 µm groß

BlC-Horizont (100 cm)
Mikrostruktur:
> kavernöses, locker gepacktes Gefüge, Porenvolumen ca. 35%

Mineralzusammensetzung:
> c/f-Grenze bei 50 µm; c/f-Verhältnis 40/60; unsortiert
> *feine Fraktion*: braune, gefleckte Matrix

Grundmasse:
> c/f-Relativverteilung ist eng porphyrisch; schwach mosaikförmig geflecktes, selten kornstreifiges b-Gefüge

Pedofeatures:
> *textural*: weniger als 1% illuviation argillans, nur noch schwach doppelbrechend
> *kryptokristallin und amorph*: etwa 1% typische Fe/Mn-Konkretionen, stark imprägnierend, 100-300 µm groß

IIC-Horizont (155 cm)
Mikrostruktur:
> kavernöses, lockeres Gefüge, Porenvolumen ca. 35%

Mineralzusammensetzung:
> c/f-Grenze bei 50 µm; c/f-Verhältnis 60/40; unsortiert
> *feine Fraktion*: braune, gefleckte Matrix

Grundmasse:
> c/f-Relativverteilung ist eng porphyrisch bis chitonisch; schwach mosaikförmig geflecktes b-Gefüge

Pedofeatures:
> *textural*: weniger als 1% illuviation argillans, schwach doppelbrechend, z.T. in der Matrix
> *kryptokristallin und amorph*: weniger als 1% typische Fe/Mn-Konkretionen, mäßig bis stark imprägnierend

IIIC-Horizont (550 cm)
Mikrostruktur:
>kavernöses Gefüge mit zahlreichen Gängen und Rissen, Porenvolumen ca. 20%

Mineralzusammensetzung:
>c/f-Grenze bei 50 μm; c/f-Verhältnis 20/80; unsortiert

Grundmasse:
>c/f-Relativverteilung ist ein- bis zweifach weit porphyrisch; schwach mosaikförmig geflecktes b-Gefüge, teils rißstreifig

Pedofeatures:
>*textural*: etwa 1% illuviation argillans, gut doppelbrechend
>*Verarmungen*: Bleichzonen im Bereich grober Poren
>*kryptokristallin und amorph*: etwa 2% typische Fe/Mn-Konkretionen, stark imprägnierend, bis 1000 μm groß; stark hydromorph gefleckt; verkrustete Fe/Mn-Hypobeläge, z.T. mit illuviation argillans überlagert

Aufschluß BABAI KHOLA

IIC-Horizont (85 cm)
Mikrostruktur:
>komplexe Struktur aus Rißgefüge und kavernösem Gefüge, Porenvolumen ca. 25%

Mineralzusammensetzung:
>c/f-Grenze bei 50 μm; c/f-Verhältnis 5/95 (80/20); unsortiert
>*grobe Fraktion*: fast nur Quarze
>*feine Fraktion*: graubraune Matrix

Grundmasse:
>c/f-Relativverteilung ist sehr weit porphyrisch (chitonisch bis gefurisch); meist schwach mosaikförmig geflecktes b-Gefüge, selten parallel- oder zufallstreifig

Pedofeatures:
>*textural*: fast keine illuviation argillans
>*kryptokristallin und amorph*: 5-10% typische Fe/Mn-Konkretionen, stark imprägnierend

IIIC-Horizont (700 cm)
Mikrostruktur:
>kavernöses Gefüge mit wenigen Rissen, Porenvolumen ca. 10%

Mineralzusammensetzung:
>c/f-Grenze bei 50 μm; c/f-Verhältnis 10/90; unsortiert

Grundmasse:
>c/f-Relativverteilung ist weit porphyrisch; schwach mosaikförmig geflecktes b-Gefüge

Pedofeatures:
>*textural*: etwa 5% illuviation argillans, z.T. sehr gut doppelbrechend
>*Verarmungen*: Bleichzonen auf grobporennahe Bereiche und Risse beschränkt
>*kryptokristallin und amorph*: ca. 1-2% typische Fe/Mn-Konkretionen, stark imprägnierend; hydromorph gefleckt; selten krustige Fe/Mn-Hypobeläge

4.2 Zum Ausgangsmaterial der "Red Soils"

Bei der Untersuchung des Ausgangsmaterials der "Red Soils", das bei allen Profilen sowohl im Deokhuri- als auch im Dang- und Tui-Tal mitbeprobt werden konnte, stand die Frage im Vordergrund, welcher Herkunft die Sedimente waren. Um dieser Frage näher zu kommen, wurden die Korngrößenverteilung und die chemische Zusammensetzung der jeweiligen C-Horizonte einander gegenübergestellt.

Die in Tab. 3 und Tab. 4 dargestellten Ergebnisse sind mit der Annahme rein äolischer Sedimente schwer vereinbar, da dann zumindest bei den Profilen innerhalb eines Duns ein einheitliches Ausgangsmaterial postuliert werden müßte. Bei den Profilen Lalmatiya und Bhalubang war dies bezogen auf die Körnung noch gegeben, aber bereits das Profil Sampmarg wies wesentlich geringere Sandanteile und höhere Schluffgehalte auf. Im Dang-Tal wurden die Unterschiede in der Körnung des Ausgangsmaterials noch deutlicher. Aufgrund der Unterschiede innerhalb eines Profils mußten einige der beprobten Horizonte als IIC-Horizonte angesprochen werden. Die chemische Zusammensetzung, und hier vor allem der Al-Anteil, unterstützen in der Regel diesen Befund. Deutlicher wird die hier getroffene Feststellung bei Betrachtung der gesamten Profile (s. Tab. 7 und Tab. 8, S. 67), wo sich vor allem anhand der Al- und Fe-Gehalte die Profile klar den drei Becken Deokhuri, Dang und Tui zuordnen lassen, und damit unterschiedliche Einzugsgebiete des akkumulierten Materials wahrscheinlich machen.
Die hier dargestellten Differenzen des Ausgangsmaterials der verschiedenen Profile deuten auf eine fluviale Herkunft der Sedimente, obwohl weder eine charakteristische Schichtung noch eine Lamellierung innerhalb der Profile zu erkennen ist, was ROHDENBURG (1989:56) jedoch auch von anderen lehmigen und tonreichen Hochflutsedimenten berichtet. Obwohl das Korngrößenspektrum zunächst durchaus äolische Sedimente vermuten läßt, lassen sich sowohl das fast ausgeglichene und damit für lößartige Sedimente untypische Feinsand/Feinstsand-Verhältnis (meist etwa 1:1) als auch die auffällige "Sortierungslücke" im Bereich des Feinschluffs wesentlich besser durch fluviale als durch äolische Prozesse erklären, entsprechend den strömungsgeschwindigkeitsabhängigen Sedimentationsbereichen der Kornfraktionen (HJULSTRÖM 1935). MORISAWA (1985:121) weist auf die abnehmende Korngröße von "overbank deposits" - entsprechend der Klassifikation fluvialer Sedimente von HAPP (1971, zit. nach PETTS & FOSTERS 1985) - von oberen zu unteren Flußabschnitten hin; LEOPOLD et al. (1964:438) berichten von "flood-plains of very uniform silt with gullies of considerable depth" in Bihar/Indien, die dem hier untersuchten Material offenbar sehr ähnlich sind. Eine Darstellung der Korngrößenzusammensetzung

fehlt hier wie auch sehr oft in der übrigen geomorphologischen Literatur, so daß ROHDENBURGs Kritik bzw. Forderung (1989:5), daß zur **Relief**analyse eine **Substrat**analyse gehört, um zu einer **Prozeß**analyse zu gelangen, sehr berechtigt ist. Einen weiteren Beleg für die Ansprache des Materials als "overbank deposits" bilden die Steinschichten in den Profilen Bhalubang (Deokhuri) und Kurepani (Dang).

Auch unter der Annahme einer äolischen Komponente, etwa als "Schwemmlößlehm", handelt es sich nicht um Löß im engeren Sinne, da die Sedimente vollständig entkalkt sind. Dieser durch einfache Salzsäureprobe erhaltene Befund findet Bestätigung sowohl durch die mikromorphologischen Untersuchungen als auch durch den chemischen Gesamtaufschluß (s. Tab. 4). Da selbst in einigen Metern Tiefe der C- oder IIC-Horizonte keine Carbonate gefunden wurden, muß davon ausgegangen werden, daß primär kalkfreies oder bereits entkalktes Material abgelagert worden ist.

Die im Babai Khola-Aufschluß angeschnittenen Sedimente konnten weder von ihrer Körnung noch von ihrer chemischen Zusammensetzung her eindeutig einem der Ausgangsmaterialien der "Red Soils" zugeordnet werden.

Tab. 3: Körnung des Ausgangsmaterials
Table 3: Particle size distribution of the parent material

Tf. cm	Hor.	0,63 -2 mm	0,2 -0,63 mm	0,1 -0,2 mm	0,063 -0,1 mm	20-63 µm	6,3-20 µm	2-6,3 µm	0,2-2 µm	<0,2 µm
\multicolumn{11}{c}{Profil Lalmatiya (Deokhuri)}										
230	lCBv	0	3	7	7	24	16	8	20	15
370	(B)lCtg	0	3	8	9	24	16	7	19	14
\multicolumn{11}{c}{Profil Bhalubang (Deokhuri)}										
220	(B)lCtg	0	4	7	7	24	16	9	19	14
290	(B)lCtg	0	3	6	8	23	16	10	20	14
570	IICg	0	2	4	6	23	19	11	20	15
\multicolumn{11}{c}{Profil Sampmarg (Deokhuri)}										
400	IIC	0	1	2	4	29	21	11	18	14
500	IIC	0	1	3	7	32	18	9	17	13
\multicolumn{11}{c}{Profil Kurepani (Dang)}										
205	CBtg	1	3	5	5	22	16	7	19	22
600	IIC	0	9	20	12	18	8	4	13	16
\multicolumn{11}{c}{Profil Jingmi (Dang)}										
175	(B)lCg	0	1	1	3	18	20	9	19	29
250	(B)lCtg	1	1	2	4	20	18	10	20	24
\multicolumn{11}{c}{Profil Gidhniya (Tui)}										
100	BlC	0	6	17	17	29	9	4	9	9
155	IIC	0	8	26	20	24	6	3	7	6
550	IIIC	0	2	9	11	25	12	6	16	19
\multicolumn{11}{c}{Aufschluß Babai Khola (Dang)}										
85	IIC	0	1	1	1	20	23	13	18	23
700	IIIC	0	1	2	2	22	19	9	19	26

Tab. 4: Chemismus des Ausgangsmaterials
Table 4: Chemistry of the parent material

Tiefe cm	Horizont	Al_2O_3 %	Fe_2O_3 %	MgO %	CaO %	K_2O %	Na_2O %
\multicolumn{8}{c}{Profil Lalmatiya (Deokhuri)}							
230	lCBv	13,17	6,45	0,75	0,04	1,88	0,20
370	(B)lCtg	11,95	5,50	0,67	0,04	1,72	0,15
\multicolumn{8}{c}{Profil Bhalubang (Deokhuri)}							
220	(B)lCtg	11,74	5,43	0,76	0,06	2,03	0,27
290	(B)lCtg	11,63	5,30	0,75	0,05	2,05	0,27
570	IICg	13,21	5,52	0,81	0,04	2,44	0,40
\multicolumn{8}{c}{Profil Sampmarg (Deokhuri)}							
400	IIC	12,41	6,12	0,71	0,04	1,89	0,20
500	IIC	12,16	5,75	0,74	0,05	1,92	0,18
\multicolumn{8}{c}{Profil Kurepani (Dang)}							
205	CBtg	13,95	6,52	0,67	0,04	1,77	0,11
600	IIC	9,11	5,29	0,45	0,04	1,16	0,09
\multicolumn{8}{c}{Profil Jingmi (Dang)}							
175	(B)lCg	14,88	6,97	0,76	0,04	2,06	0,16
250	(B)lCtg	14,44	7,10	0,79	0,04	2,03	0,14
\multicolumn{8}{c}{Profil Gidhniya (Tui)}							
100	BlC	7,91	3,54	0,54	0,03	1,31	0,16
155	IIC	6,15	2,84	0,44	0,02	1,05	0,14
550	IIIC	12,28	5,91	0,68	0,05	1,72	0,18
\multicolumn{8}{c}{Aufschluß Babai Khola (Dang)}							
85	IIC	13,22	6,33	0,88	0,06	2,26	0,37
700	IIIC	15,92	7,16	0,74	0,06	2,12	0,20

4.3 Zur sedimentären Homogenität der Böden

Für die Beurteilung und Interpretation pedogener Prozesse ist eine weitgehende vertikale petrographische Homogenität der Profile unabdingbare Voraussetzung (BRONGER et al. 1976), was bei Substraten fluvialer Herkunft keine Selbstverständlichkeit ist. Anhand der Korngrößenverteilungen und der chemischen Zusammensetzungen konnte diese Homogenität sowohl für die Profile aus dem Deokhuri- als auch für die Profile aus dem Dang- und Tui-Tal hinreichend gut belegt werden (s. Tab. 5 - Tab. 8). MIEHLICH (1976) definiert gegenüber dem allgemein gebräuchlichen Begriff der "Homogenität" einen Boden grundsätzlich als inhomogen, mit unterschiedlichem Grad der Inhomogenität. Er führt den Begriff "Gleichheit" von Bodenkörpern ein, wenn ein untersuchungsspezifisch vorgegebenes Maß an Inhomogenität nicht überschritten wird, womit er aber das eigentliche Problem nur auf den nächsten Begriff verschiebt.
Die erhöhten Sandanteile im A-Horizont der Profile Gidhniya und Bhalubang können genauso wie die erhöhten Schluffgehalte im A-Horizont der Profile Sampmarg und Jingmi durch nachträglichen Fremdeintrag erklärt werden, verursacht durch die Entwaldung der Siwaliks (s. Kap. 2.5) und Ablagerung winderodierten Materials der letzten Dekaden. Die bereits im Gelände getroffene Ansprache von IIC- bzw. IIIC-Horizonten der Profile Bhalubang, Kurepani und Gidhniya wurde durch die unten dargestellten Analyseergebnisse bestätigt. Einige Horizonte, wie z.B. der Bv im Profil Sampmarg und der Bv im Profil Jingmi machen deutlich, daß es sich bei den Sedimenten **nicht um streng** homogene Ablagerungen handelt, doch scheinen sie **hinreichend** homogen, um die in den folgenden Kapiteln ausgeführten Schlüsse zu ziehen und Interpretationen aufzubauen. Dem Maß an Inhomogenität wird Rechnung getragen, indem keine Bilanzierungen erstellt, sondern lediglich sich abzeichnende oder auch nicht abzeichnende Tendenzen aufgezeigt werden.

Tab. 5: Korngrößenverteilung der Profile im Deokhuri-Tal
Table 5: Particle size distribution of the profiles of the Deokhuri-Valley

Tf. cm	Hor.	0,63 -2 mm	0,2 -0,63 mm	0,1 -0,2 mm	0,063 -0,1 mm	20-63 µm	6,3-20 µm	2-6,3 µm	0,2-2 µm	<0,2 µm
					Profil Lalmatiya (Deokhuri)					
20	AB	0	2	5	6	27	15	7	18	20
55	Bv 1	0	2	5	6	27	16	6	21	17
95	Bv 2	0	2	6	5	24	16	6	23	18
140	Bv 3	0	2	5	6	24	15	7	22	19
180	Bv 3	0	2	6	6	23	16	7	22	18
230	lCBv	0	3	7	7	24	16	8	20	15
370	(B)lCtg	0	3	8	9	24	16	7	19	14
					Profil Bhalubang (Deokhuri)					
20	Bv 1	0	5	7	8	25	15	7	18	15
70	Bv 1	0	3	6	7	24	16	10	20	14
110	B(t)v 2	0	3	6	7	23	17	11	19	14
155	lCBtg	0	4	7	7	23	16	9	19	15
220	(B)lCtg	0	4	7	7	24	16	9	19	14
290	(B)lCtg	0	3	6	8	23	16	10	20	14
570	IIC(g)	0	2	4	6	23	19	11	20	15
					Profil Sampmarg (Deokhuri)					
10	A	0	2	5	8	35	16	6	13	15
100	Bv 1	0	2	4	6	28	17	8	18	17
210	Bv 2	0	3	9	10	26	14	7	17	14
230	B(t)v	0	2	7	9	27	14	7	16	18
400	IIC	0	1	2	4	29	21	11	18	14
500	IIC	0	1	3	7	32	18	9	17	13

Tab. 6: Korngrößenverteilung der Profile im Dang- und Tui-Tal
Table 6: Particle size distribution of the profiles of the Dang- and Tui-Valley

Tf. cm	Hor.	0,63 -2 mm	0,2 -0,63 mm	0,1 -0,2 mm	0,063 -0,1 mm	20-63 µm	6,3-20 µm	2-6,3 µm	0,2-2 µm	<0,2 µm
					Profil Kurepani (Dang)					
20	AB	0	3	5	4	22	16	5	18	27
50	Bv 1	0	3	5	4	23	16	6	17	26
90	Bv 2	0	2	4	4	21	16	6	18	29
115	Bv 2	0	2	4	4	21	17	6	18	28
155	CBg	1	3	5	4	21	16	7	18	25
205	CBtg	1	3	5	5	22	16	7	19	22
600	IIC	0	9	20	12	18	8	4	13	16
					Profil Jingmi (Dang)					
15	A	0	1	2	2	27	26	8	15	19
40	Bv 1	0	1	1	2	19	20	10	17	30
70	Bv 2	0	0	1	2	20	15	8	18	36
100	Bv 3	0	1	1	2	17	18	12	19	30
125	Bg	0	1	1	2	18	21	10	20	27
175	(B)lCg	0	1	1	3	18	20	9	19	29
250	(B)lCtg	1	1	2	4	20	18	10	20	24
					Profil Gidhniya (Tui)					
10	A	0	5	19	23	33	7	2	5	6
35	B(t)v	0	5	15	15	28	8	4	13	12
60	B(t)v	0	5	15	16	29	8	4	11	12
100	BlC	0	6	17	17	29	9	4	9	9
155	IIC	0	8	26	20	24	6	3	7	6
550	IIIC	0	2	9	11	25	12	6	16	19

Die aufgrund der Körnung als Bt zu vermutenden Horizonte müssen ebenfalls als Zeichen geringer Inhomogenität angesprochen werden. Der Ton ist kaum oder gar nicht verlagert (s. Kap. 4.1.2 und Kap. 4.4.1) und auch eine Neubildung erscheint angesichts der recht abrupten Zunahme (s. Profile Jingmi und Gidhniya) relativ unwahrscheinlich. Außerdem ist anzunehmen, daß der Anteil detritischer Glimmer durchaus beträchtlich ist, da die tonreicheren Horizonte keineswegs geringere K-Gehalte aufweisen. Dies gilt in dem Sinne nicht für das Profil Gidhniya, wo die höheren Tongehalte mit geringeren Feinsand- und Feinstsandanteilen (überwiegend Quarzen) korreliert, und deshalb diese Horizonte gerade höhere K-Gehalte besitzen.

Tab. 7: Chemismus der Profile im Deokhuri-Tal
Table 7: Chemistry of the profiles of the Deokhuri-Valley

Tiefe cm	Horizont	Al_2O_3 %	Fe_2O_3 %	MgO %	CaO %	K_2O %	Na_2O %
		Profil Lalmatiya (Deokhuri)					
20	AB	12,80	5,77	0,78	0,04	1,76	0,22
55	Bv 1	13,58	6,21	0,82	0,04	1,82	0,21
95	Bv 2	13,87	6,43	0,72	0,04	1,80	0,19
140	Bv 3	13,88	6,36	0,71	0,04	1,93	0,20
180	Bv 3	14,00	6,36	0,73	0,04	1,93	0,20
230	lCBv	13,17	6,45	0,75	0,04	1,88	0,20
370	(B)lCtg	11,95	5,50	0,67	0,04	1,72	0,15
		Profil Bhalubang (Deokhuri)					
20	Bv 1	12,11	5,73	0,80	0,04	1,95	0,27
70	Bv 1	12,36	5,87	0,81	0,06	2,12	0,27
110	B(t)v 2	12,35	5,67	0,82	0,05	2,14	0,27
155	lCBtg	12,16	5,40	0,75	0,05	2,10	0,30
220	(B)lCtg	11,74	5,43	0,76	0,06	2,03	0,27
290	(B)lCtg	11,63	5,30	0,75	0,05	2,05	0,27
570	IIC(g)	13,21	5,52	0,81	0,04	2,44	0,40
		Profil Sampmarg (Deokhuri)					
10	A	11,71	4,81	0,67	0,03	1,82	0,24
100	Bv 1	13,65	6,48	0,77	0,04	1,93	0,18
210	Bv 2	13,48	5,99	0,75	0,04	2,01	0,17
230	B(t)v	13,79	7,57	0,74	0,03	1,95	0,16
400	IIC	12,41	6,12	0,71	0,04	1,89	0,20
500	IIC	12,16	5,75	0,74	0,05	1,92	0,18

Ein weiterer Hinweis auf die sedimentäre Inhomogenität der Profile wird durch die Gesamtquarzgehalte der jeweiligen Horizonte erbracht (s. Abb. 7-8, S. 78). Nach BRONGER (1976:25 ff.; 1991) und SANTOS et al. (1986) stellen diese Werte einen aussagekräftigeren Index für die Homogenität dar als das Verhältnis von Quarzanteilen bestimmter Korngrößenfraktionen, das von verschiedenen Autoren benutzt wird (KUNDLER 1959; SCHLICHTING & BLUME 1961; MEYER et al. 1962). Auf eine Verschiebung dieses Verhältnisses in den Bodenhorizonten durch mechanische Zerkleinerung weisen u.a. ARNAUD & WHITESIDE (1963) hin.

Tab. 8: Chemismus der Profile im Dang- und Tui-Tal
Table 8: Chemistry of the profiles of the Dang- and Tui-Valley

Tiefe cm	Horizont	Al_2O_3 %	Fe_2O_3 %	MgO %	CaO %	K_2O %	Na_2O %
		Profil Kurepani (Dang)					
20	AB	14,55	6,58	0,63	0,03	1,75	0,16
50	Bv 1	14,98	6,80	0,65	0,04	1,79	0,12
90	Bv 2	14,16	7,16	0,67	0,05	1,76	0,12
115	Bv 2	14,85	7,20	0,68	0,04	1,83	0,11
155	CBg	14,45	6,86	0,67	0,04	1,77	0,11
205	CBtg	13,95	6,52	0,67	0,04	1,77	0,11
600	IIC	9,11	5,29	0,45	0,04	1,16	0,09
		Profil Jingmi (Dang)					
15	A	11,37	5,43	0,63	0,04	1,71	0,22
40	Bv 1	14,63	6,94	0,78	0,05	1,89	0,18
70	Bv 2	16,48	7,42	0,90	0,05	1,99	0,16
100	Bv 3	15,63	7,80	0,85	0,05	2,16	0,18
125	Bg	15,49	7,36	0,88	0,05	2,10	0,17
175	(B)lCg	14,88	6,97	0,76	0,04	2,06	0,16
250	(B)lCtg	14,44	7,10	0,79	0,04	2,03	0,14
		Profil Gidhniya (Tui)					
10	A	5,14	2,37	0,37	0,03	0,95	0,18
35	B(t)v	9,25	4,09	0,59	0,03	1,41	0,16
60	B(t)v	8,68	3,71	0,57	0,04	1,37	0,16
100	BlC	7,91	3,54	0,54	0,03	1,31	0,16
155	IIC	6,15	2,84	0,44	0,02	1,05	0,14
550	IIIC	12,28	5,91	0,68	0,05	1,72	0,18

Der in Tab. 9 dargestellte Vergleich der durch die Bauschanalyse erzielten Ergebnisse mit den durch die RFA untersuchten exemplarischen Proben führte zu einer guten Übereinstimmung. Dies gilt insbesondere für die Eisengehalte, deren Unterschiede sich als gut reproduzierbar erwiesen, was für ihre Aussagekraft bzgl. der Betrachtungen pedogenetischer Prozesse von Bedeutung ist. Insgesamt scheint die Bauschanalyse (unter der begründeten Annahme, daß die RFA realitätsgetreuere Werte liefert) die Elementgehalte methodenimmanent leicht über- oder unterzubetonen, ohne dabei jedoch die Relationen bei Betrachtung eines Elementes zu verändern.

Tab. 9: Vergleich von Bauschanalyse und RFA anhand ausgewählter Proben
Table 9: Comparison of wet chemical total analysis and x-ray fluorescence analysis for chosen samples

Tf. cm	SiO_2	Al_2O_3	Fe_2O_3	TiO_2	MnO %	CaO	MgO	K_2O	Na_2O	P_2O_5
Röntgenfluoreszenzanalyse										
Profil Kurepani (Dang)										
90	67,06	15,61	7,00	0,95	0,11	0,04	0,86	2,17	0,10	0,05
115	67,45	15,56	7,01	0,92	0,11	0,02	0,83	2,15	0,08	0,05
155	67,76	14,88	6,68	0,89	0,13	0,04	0,81	2,11	0,07	0,05
Aufschluß Babai Khola										
700	66,01	15,99	6,74	0,92	0,10	0,11	0,91	2,45	0,08	0,07
Profil Lalmatiya (Deokhuri)										
95	67,43	14,28	6,23	0,87	0,10	0,05	0,89	2,20	0,09	0,05
230	67,65	13,67	6,31	0,81	0,14	0,06	0,88	2,20	0,19	0,05
Bauschanalyse										
Profil Kurepani (Dang)										
90		14,16	7,16			0,05	0,67	1,76	0,12	
115		14,85	7,20			0,04	0,68	1,83	0,11	
155		14,45	6,86			0,04	0,67	1,77	0,11	
Aufschluß Babai Khola										
700		15,92	7,16			0,06	0,74	2,12	0,20	
Profil Lalmatiya (Deokhuri)										
95		13,87	6,43			0,04	0,72	1,80	0,19	
230		13,17	6,45			0,04	0,75	1,88	0,20	

4.4 Bodenchemische Kennwerte

Die Charakterisierung der bodenchemischen Kennwerte ist einerseits notwendig, um auf der Grundlage ihrer Kenntnis das Bodenmilieu einschätzen und eine Beurteilung pedogener Prozesse treffen zu können; andererseits werden die Parameter Kationenaustauschkapazität (KAK), Basensättigung (BS) und auch der Gehalt an organischem Kohlenstoff (C_{org}) in den Bodenklassifikationen an vielen Punkten als differenzierende Kriterien verwendet. Der organische Kohlenstoff ist in diesem Fall dem Gesamtkohlenstoffgehalt (C_t) gleichzusetzen, da durchweg kalkfreies Substrat vorlag.

Die Profile sind mäßig bis stark sauer, das Profil Kurepani sogar sehr stark sauer, lediglich das Profil Bhalubang weist einen völlig anderen Säurezustand auf und ist mit pH-Werten über 7 bereits teilweise im alkalischen Bereich. Diese Differenzen spiegeln sich auch in der elektrischen Leitfähigkeit (EL) wider. Die z.T. großen Sprünge, die in den pH-Werten der Profile Sampmarg und Gidhniya auftreten, sind auf die weiteren Abstände der Probennahme zurückzuführen. Die Ursache für die Alkalität des Profils Bhalubang kann z.T. durch die dort erhöhten Na-Anteile am Austauschkomplex erklärt werden.

Entsprechend den tiefen pH-Werten sind die Böden relativ basenarm (<35%), was wiederum für das Profil Bhalubang nicht zutrifft. Die Kationenaustauschkapazität deckt sich sehr gut mit den Ergebnissen der tonmineralogischen Untersuchungen (s. Kap.4.4.2.2).

Der Gehalt an organischer Substanz ist bis auf die A-Horizonte in allen Profilen für tropische Verhältnisse typisch gering. Dies gilt auch für das Profil Gidhniya, so daß der dort ermittelte geringere Hämatitgehalt, bzw. das niedrigere Hämatit/Goethit-Verhältnis, nicht auf eisenkomplexierende oder reduzierend wirkende organische Bestandteile zurückgeführt werden kann (bes. SCHWERTMANN 1985).

Tab. 10: Bodenchemische Kennwerte der Profile aus dem Deokhuri-Tal
Table 10: Pedochemical features of the profiles of the Deokhuri-Valley

Tf. cm	Hor.	pH KCl	pH H$_2$O	EL µS/cm	Ca	Mg	K	Na	KAK	BS %	C$_t$ %
					\[--- mval / 100g ---\]						
Profil Lalmatiya (Deokhuri)											
20	AB	5,0	6,1	31	0,61	0,69	0,20	0,01	5,4	28,0	0,14
55	Bv 1	4,9	6,1	33	0,79	0,81	0,11	0,04	5,9	29,2	0,22
95	Bv 2	5,1	6,2	53	1,04	0,89	0,13	0,04	6,2	33,8	0,14
140	Bv 3	5,4	6,6	47	1,16	0,89	0,13	0,05	6,2	36,1	0,09
180	Bv 3	5,4	6,7	40	1,21	0,98	0,12	0,05	6,3	37,4	n.b.
230	lCBv	5,6	6,8	34	0,93	0,90	0,10	0,03	6,0	32,8	n.b.
370	(B)lCtg	5,2	6,7	n.b.	0,58	0,86	0,06	0,08	5,0	31,8	n.b.
Profil Bhalubang (Deokhuri)											
20	Bv 1	5,7	7,0	34	1,56	0,73	0,10	0,05	5,4	45,2	0,21
70	Bv 1	7,4	8,4	86	2,14	0,73	0,11	0,09	5,7	54,4	0,11
110	B(t)v 2	7,3	8,3	92	2,15	0,73	0,10	0,11	5,8	53,1	0,08
155	lCBtg	6,8	7,9	76	1,77	0,77	0,09	0,08	6,0	45,0	n.b.
220	(B)lCtg	7,0	7,8	159	1,68	0,70	0,09	0,07	5,2	49,2	n.b.
290	(B)lCtg	6,4	7,2	176	1,29	0,88	0,08	0,06	5,8	40,3	n.b.
570	IIC(g)	6,0	7,5	111	0,81	1,17	0,08	0,40	6,0	41,0	n.b.
Profil Sampmarg (Deokhuri)											
10	A	4,4	5,8	n.b.	0,52	0,71	0,12	0,01	4,9	27,8	0,93
100	Bv 1	4,7	5,8	n.b.	0,73	0,94	0,18	0,02	5,9	31,7	0,17
210	Bv 2	5,6	7,0	n.b.	0,79	0,99	0,09	0,05	5,0	38,3	0,14
230	B(t)v	5,6	6,6	n.b.	0,83	1,41	0,12	0,12	5,5	44,9	0,07
400	IIC	4,2	5,8	n.b.	0,52	1,31	0,12	0,17	5,7	37,3	n.b.
500	IIC	5,6	6,8	n.b.	0,66	1,01	0,06	0,05	4,9	36,1	n.b.

Tab. 11: Bodenchemische Kennwerte der Profile aus dem Dang- und Tui-Tal
Table 11: Pedochemical features of the profiles of the Dang- and Tui-Valley

Tf. cm	Hor.	pH KCl	pH H$_2$O	EL µS/cm	Kationenbelag Ca [--- mval	Mg	K /	Na 100g ---]	KAK	BS %	C$_t$ %
Profil Kurepani (Dang)											
20	AB	3,9	5,2	24	0,49	0,55	0,35	0,01	7,3	19,2	0,51
50	Bv 1	3,8	5,1	27	0,30	0,17	0,23	0,00	6,9	10,4	0,28
90	Bv 2	3,7	5,4	21	0,69	0,26	0,22	0,02	7,0	16,9	0,20
115	Bv 2	3,8	5,5	17	0,84	0,43	0,18	0,01	7,3	20,0	0,19
155	CBg	3,9	5,5	20	0,95	0,51	0,17	0,01	7,0	23,3	n.b.
205	CBtg	4,1	5,6	19	1,12	0,66	0,16	0,02	6,8	28,6	n.b.
600	IIC	4,0	5,8	n.b.	n.b.	n.b.	n.b.	n.b.	n.b.	n.b.	n.b.
Profil Jingmi (Dang)											
15	A	4,1	5,5	61	0,88	0,45	0,16	0,12	5,9	27,5	0,75
40	Bv 1	4,2	5,7	54	1,00	0,83	0,22	0,03	7,5	27,8	0,43
70	Bv 2	4,6	5,9	30	0,99	0,95	0,24	0,03	8,0	27,6	0,25
100	Bv 3	4,6	5,8	28	0,98	1,03	0,25	0,03	7,4	30,9	0,19
125	Bg	4,6	5,8	30	0,81	0,92	0,22	0,03	7,4	26,7	0,18
175	(B)lCg	4,3	5,5	28	0,87	1,03	0,24	0,03	7,8	27,9	n.b.
250	(B)lCtg	4,1	5,8	22	1,00	1,01	0,20	0,02	7,4	30,0	n.b.
Profil Gidhniya (Tui)											
10	A	4,7	5,9	n.b.	0,37	0,00	0,04	0,00	2,8	15,1	0,45
35	B(t)v	4,4	5,8	n.b.	0,74	0,22	0,11	0,01	4,2	26,0	0,23
60	B(t)v	5,0	6,3	n.b.	0,90	0,21	0,11	0,00	3,8	32,0	0,28
100	BlC	4,5	5,8	n.b.	0,52	0,06	0,08	0,02	3,2	21,4	0,21
155	IIC	4,2	5,5	n.b.	0,25	0,00	0,04	0,02	2,8	11,3	0,07
550	IIIC	5,0	6,4	n.b.	2,17	0,44	0,19	0,04	6,4	44,7	n.b.

4.5 Die bodenbildenden Prozesse

4.5.1 Die Tonverlagerung

Die Kenntnis über Tonverlagerung als einem bedeutenden pedogenen Prozeß ist notwendig zum Verständnis der Genese eines Bodens sowie seiner taxonomischen Einordnung. Eine eindeutige Ansprache von Tonverlagerung ist allein durch mikromorphologische Untersuchungen möglich, da verlagerter Ton stark doppelbrechende, oft laminar angeordnete Beläge an Hohlräumen bildet ("illuviation argillans"). Aufgrund dieser Tatsache ist neben dem Feinton/Gesamtton-Verhältnis der Flächenanteil von 1% "illuviation argillans" im Dünnschliff als eines der möglichen Kriterien zur Definition eines "argillic horizon" in der "Soil Taxonomy" herangezogen worden (SOIL SURVEY STAFF 1990:13), wenn das Bodenprofil lithologische Diskontinuität aufweist. Es sei an dieser Stelle jedoch noch einmal ausdrücklich auf die sehr subjektive Abschätzung hingewiesen (McKEAGUE et al. 1980) sowie die Problematik der statistischen Absicherung (MILFRED et al. 1967). Da andererseits trotz unzuverlässiger Absolutwerte immerhin die Relationen Aussagekraft besitzen, sind die Flächenanteile von "illuviation argillans" aller in dieser Arbeit untersuchten Profile in Tab. 12 zusammengefaßt.

Da die Bodenprofile nicht streng homogen sind (s. Kap. 4.3) und leichte Verschiebungen im Tongehalt demzufolge schnell zu Mißinterpretationen führen können, soll hier dem o.g. Konzept des SOIL SURVEY STAFF (1990) gefolgt werden.

Im Profil Lalmatiya ist verlagerter Ton über 1% erst mit Sicherheit im C-Horizont (370 cm) anzusprechen, wofür möglicherweise der gegenüber dem Boden erhöhte Na-Anteil am Kationenbelag verantwortlich ist (s. Tab. 10, S. 71). Die gleiche Ursache ist wohl auch für die Tonverlagerung im Profil Bhalubang anzunehmen, wobei hier jedoch das Feintonplasma bereits in den B-Horizonten (110 cm, 155 cm) erheblich in Erscheinung tritt, so daß trotz der sehr konstanten Tongehalte im Profil (s. Tab. 5, S. 65) ein "argillic horizon" ausgewiesen werden muß.

Tab. 12: Geschätzte Flächenanteile (%) von "illuviation argillans" im Dünnschliff
Table 12: Estimated percentage of illuviation argillans in thin sections

Horizont	Profile					
	Lalmatiya	Bhalubang	Kurepani	Jingmi	Gidhniya	Babai Kh.
A/AB	1		<1	<1	<1	
B	0	<1	0	0	<1	
B	0	1	0-1	0	2	
B	<1	2	0-1	0-1		
B	<1	3-4	1	0-1		
B	<1		2			
C	2-3	2		1	<1	
C		1-2		3-4		
IIC		1	<1		<1	<1
IIIC					1	5

Die Profile Bhalubang und Jingmi deuten darauf hin, die o.g. Definition des SOIL SURVEY STAFF, daß "either thin sections..., *or* the ratio of fine clay to total clay..." Kriterien für einen genetisch determinierten "argillic horizon" sein können, eventuell neu zu überdenken. Im Profil Bhalubang zeigen sich deutliche Anteile von "illuviation argillans" in Horizonten, deren Feinton/Gesamttonverhältnis sich **nicht** von denen der darüber oder darunter liegenden Horizonte unterscheidet (s. Tab. 5, S. 65); demgegenüber zeigt der Bv 2-Horizont (70 cm) des Profils Jingmi ein wesentlich erhöhtes Feinton/Gesamttonverhältnis (s. Tab. 6, S. 66), **ohne** daß dort "illuviation argillans" nachgewiesen werden konnten, ja sogar diese erst im BC-Horizont (250 cm) auftreten, der einen deutlich niedrigeren Feintonanteil aufweist. Dieser Befund legt nahe, bei sedimentär inhomogenen Profilen - auch bei nur geringer Inhomogenität wie hier - den "argillic horizon" *allein* auf mikromorphologischer Basis zu definieren, zumindest wenn - wie bei den hier untersuchten Böden - kaum stark quellfähige Tonminerale im Mineralbestand vorliegen, so daß ein "argillic horizon without clay skins" (s. NETTLETON et al. 1969) mit durch Schrumpfung und Quellung zerstörten Tonbelägen nicht in Betracht kommt. Die gleiche - zwar weniger stark ausgeprägte - Tendenz wie im Profil Jingmi zeigt sich auch im Profil Kurepani, so daß bei diesen Profilen trotz eines deutlichen Ton**maximums** kein Ton**anreicherungs**horizont besteht. Das Profil Gidhniya wiederum weist das gleiche Phänomen wie das Profil Bhalubang auf, dadurch daß sich auch dort das Vorhandensein von "illuviation argillans" nicht im Feintonanteil niederschlägt.

Sowohl die Auskleidung noch heute wasserführender Poren als auch die recht gute Doppelbrechung der "illuviation argillans" lassen sie nicht als relikte Produkte der Bodensedimente erscheinen. Da im Gegensatz zu den Profilen Lalmatiya und Bhalubang aus dem Deokhuri-Dun bei den Profilen Jingmi und Kurepani aus dem Dang-Dun die Tonverlagerung im BC- bzw. CB-Horizont (jeweils >200 cm) nicht auf dispergierend wirkende, erhöhte Na-Anteile am Kationenbelag zurückgeführt werden kann (s. Tab. 11, S. 72), ist hier möglicherweise eine grundsätzlich klimatisch bedingte Tonverlagerung in Betracht zu ziehen, indem bei den z.T. extremen Starkregen (75 mm/h, nach GHILDYAL 1981) Tonpartikel direkt aus den Bodenhorizonten in das Ausgangssubstrat verlagert werden. Aufgrund der dort meist gröberen Textur muß sich nicht unbedingt ein ausgeprägter Anreicherungshorizont gebildet haben, sondern der verlagerte Ton kann sich bis in größere Tiefen verteilen. Ob zusätzlich ein Einfluß von (salinem) Hangzugwasser besteht, wie dies von BRUHN (1990:135) und BACKER (1989:83) für das Profil "Arjun" (Deokhuri-Dun) diskutiert wird, ist fraglich; zumindest konnte die äußerst hohe Na-Belegung der Austauscherplätze (Backer 1989:71) nicht annähernd bei den in dieser Arbeit untersuchten Profilen reproduziert werden (s. Tab. 10 u. 11, S. 71), so daß (salines) Hangzugwasser allenfalls eine sehr lokal begrenzte Erklärungsmöglichkeit darstellt.

Das Profil Gidhniya (Tui-Tal) weicht von den bisher dargestellten Verhältnissen ab, indem hier in 60 cm Tiefe ein Bt-Horizont angesprochen werden kann, was angesichts der Textur und der pH-Werte der Böden bei den anderen Profilen ebenfalls erwartet worden ist. Eine Ansprache der meist (absolut) tonärmeren, als (B)lCtg- angesprochenen Horizonte als reine Bt-Horizonte erscheint jedoch aufgrund der Geländebefunde und der weiteren Analyseergebnisse weder angemessen noch sinnvoll; desgleichen sind die darüber liegenden Horizonte kaum als lessiviert zu kennzeichnen.

4.5.2 Die Mineralverwitterungstendenzen

4.5.2.1 Zum Primärmineralbestand

Der Primärmineralbestand wird in starkem Maße von **Quarzen** dominiert. Feldspäte kommen in allen Profilen nur zu einem Anteil von etwa 5% vor. Dabei handelt es sich zum allergrößten Teil um K-Feldspäte, da die im Phasenkontrastverfahren kaum von Quarzen zu unterscheidenden Plagioklase im Röntgenspektrum nicht in Erscheinung treten. Dies deckt sich auch mit den Ergebnissen der chemischen Gesamtaufschlüsse (s. Tab. 7 und Tab. 8, S. 67) und den mikromorphologischen Untersuchungen. Bemerkenswert ist die Tatsache, daß die Feldspäte als instabilste Komponente am vorliegenden Bestand der Primärminerale regelmäßig noch bis in die Grobtonfraktion hinunter nachzuweisen sind - obwohl ihre Anteile für eine grafische Darstellung nicht immer ausreichen (Grenze der Darstellbarkeit bei 0,5%) - und zumindest in den phasenoptisch noch zu erfassenden Fraktionen keine auffälligen Anzeichen einer deutlichen Verwitterung zeigen.

Die Phyllosilicate sind regelmäßig zu über 90% **Muscovite**, die wenigen vorhandenen Biotite sind etwa zur Hälfte von Eisenoxidkrusten überzogen. Es ist davon auszugehen, daß es sich bei den in der Tonfraktion definitionsgemäß als Illit bezeichneten 10 Å Mineralen nicht nur um Tonminerale, sondern zu einem sehr großen Teil auch um Glimmerbruchstücke bzw. -reste handelt, zumal auch angewitterte Biotite, die die Eisenoxidation durch Abgabe oktaedrischen Eisens kompensieren, noch einen 10 Å-Reflex aufweisen (FARMER et al. 1971).

Insgesamt stellt sich der Primärmineralbestand aller Profile (s. Abb. 9-15, S. 85-92) mit seiner äußerst **deutlichen Dominanz von Quarzen und Muscoviten** als sehr **verwitterungsresistentes Substrat** dar, bei dem auch unter dem in Kap.2.3 skizzierten Klima keine umfangreiche Bildung von Verwitterungsprodukten zu erwarten war. Dies deutet auch das nach der Indexmineralmethode (MARSHALL 1964, zit. n. SCHEFFER & SCHACHTSCHABEL 1989:371) gebildete Feldspat/Quarz-Verhältnis an, das den Verwitterungsgrad von Böden anzeigen soll, dessen Anwendung bei den hier untersuchten Böden jedoch nur noch bedingt sinnvoll ist, da bei den sehr geringen Feldspatgehalten Zufallsschwankungen - z.T. bedingt durch sedimentäre Inhomogenität - den Wert dieser Methode stark einschränken. Aus diesem Grund wird auf eine tabellarische Darstellung der jeweiligen Quotienten verzichtet. Die absoluten Gehalte der verschiedenen Mineralgruppen in den einzelnen Bodenhorizonten sind in Abb. 7 u. 8 (S. 78) dargestellt. Die am schwankenden Quarzgehalt deutlich werdende Inhomogenität läßt eine Interpretation der Differenzen der anderen Mineralgruppen nicht zu.

Die mit 0,8-0,95% TiO_2 recht beträchtlichen Ti-Gehalte der Böden (s. Abb. 6, S. 69) können kaum allein durch die mikromorphologisch nur gelegentlich erkannten Rutilnädelchen in Quarzkörnern erklärt werden. Es muß sicherlich auch eine röntgenografisch nicht erkannte Beteiligung von Ilmeniten am Eisenoxidbestand unterstellt werden oder auch eine geringe Beimengung von Titan in den Biotiten. RÖSLER (1990:50) konnte Ilmenite in fast allen Schichten der Siwaliks nachweisen, z.T. mit Hämatiten verwachsen, oder auch aus ehemaligen Mischkristallen entmischte Ilmenite, so daß ihre Präsenz in den Sedimenten durchaus wahrscheinlich ist.

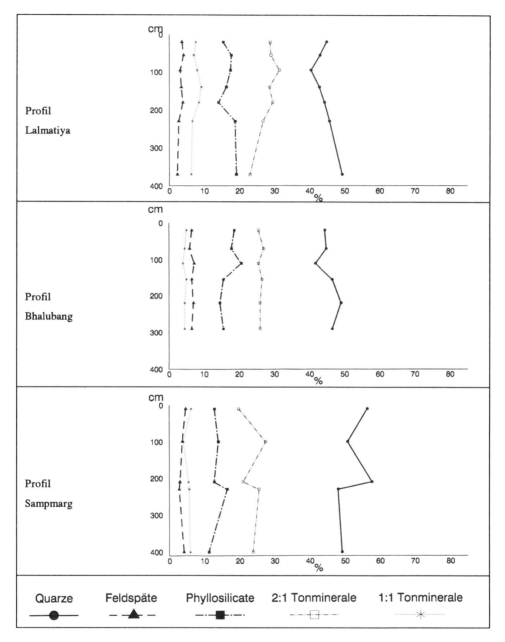

Abb. 7: Anteile der Mineralgruppen in den Profilen des Deokhuri-Tales
Fig. 7: Mineral contents in the profiles of the Deokhuri-Valley

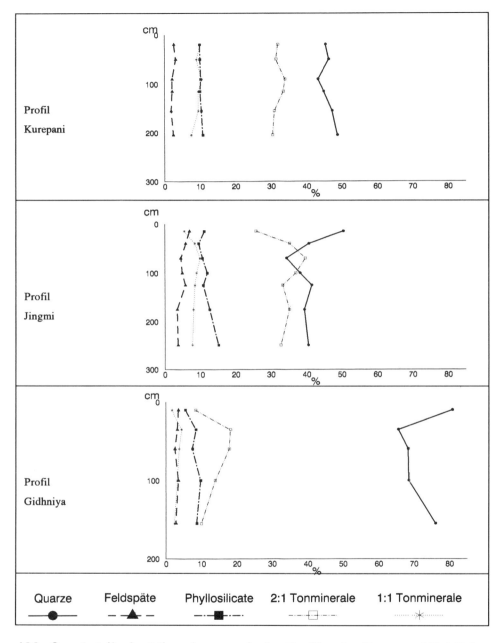

Abb. 8: Anteile der Mineralgruppen in den Profilen des Dang- und Tui-Tales
Fig. 8: Mineral contents in the profiles of the Dang- and Tui-Valley

4.5.2.2 Zum Tonmineralbestand

Der Tonmineralbestand wird in allen Profilen eindeutig von 2:1-Mineralen dominiert (s. Abb. 9-15, S. 83-90). Dies gilt auch für die Wechsellagerungsminerale des Feintons, bei denen eine Beteiligung von Kaoliniten an den Wechsellagerungsschichten so gut wie ausgeschlossen werden kann, da Kaolinit-Illit-Wechsellagerung nach REYNOLDS (1980:251) in der Literatur bislang nicht beschrieben wurde. Trotz eines meist gut erkennbaren 10 Å-Reflexes neben einer breiten Schulter zahlreicher diffuser Reflexe von etwa 12-30 Å sind die Dreischichtminerale des Feintons gemeinsam als Wechsellagerungsminerale dargestellt, um ihren schwach kristallinen Charakter herauszustellen. Dabei ist jedoch zu betonen, daß der Anteil der Wechsellagerung wegen der Anzahl kleiner Reflexe zwar nicht genau zu bestimmen war, aber wohl kaum mehr als 10% der Dreischicht-Tonminerale ausmacht.

MAC EWAN et al. (1961, zit. nach SAWHNEY 1989:798) weisen auf die Schwierigkeit hin, die Komponenten der Wechsellagerung bei Tonen in Böden und Sedimenten zu bestimmen, vor allem wenn lediglich ein Basalreflex erkennbar ist. Nach WEAVER (1956) sind auch Wechsellagerungen mit drei Komponenten nicht ungewöhnlich in Schiefertonen ("shales"), die hier vor allem in den "Lower Siwaliks" anstehen (s. Tab. 1, S. 9) und dementsprechend zur Zusammensetzung des Ausgangsmaterials der Böden beigetragen haben können. Außerdem weisen diese nicht regelhaften Wechsellagerungsschichten nach WEAVER häufig alle möglichen Mischungsverhältnisse und damit Schichtabstände auf, deren unterschiedlichen Einfluß auf die Verschiebung der Reflexpositionen er an zahlreichen Spektren definierter Mischungsverhältnisse verdeutlicht. Die zahlreichen, dicht aneinanderliegenden Reflexe können also sicherlich durch ein sehr heterogenes Spektrum an Wechsellagerung erklärt werden, welches durch das mehrfach umgelagerte und möglicherweise diagenetisch überprägte Ausgangsmaterial (WINTER 1991:42) gegeben sein könnte.

Ein Erklärungsansatz, der hier ebenfalls in Betracht kommt, ist die Entdeckung von NADEAU et al. (1984a; zus.fass. in 1984b), daß kleinste Tonmineralpartikel, die nur die Dicke einer Elementarschicht aufweisen, in einer Mischung genau die gleichen Reflexe hervorrufen können wie entsprechende Wechsellagerungsminerale. Die Autoren stellen dabei der herkömmlichen "**intra**particle diffraction" eine "**inter**particle diffraction" gegenüber, und begründen dies damit, daß "interstratification XRD character ...[is]...caused by ethylene glycol adsorption on the interfaces between adjacent thin illite particles" (NADEAU et al. 1984:68). Daß auch geringe Gehalte dieser Partikel im Röntgenspektrum in Erscheinung treten können, begründen sie mit dem sehr hohen Orientierungsgrad der extrem dünnen Schichten. Dieser Ansatz macht gut nachvollziehbar, daß in der kleinen vom Röntgenstrahl getroffenen Fläche eine Vielzahl unterschiedlichster "Wechsellagerungen" bestehen kann, die zu den zahlreichen Reflexen führt. SAWHNEY & REYNOLDS (1985) weisen jedoch darauf hin, daß dieser Effekt sich nur auf nicht regelhafte Wechsellagerung beziehen kann, regelhafter Wechsellagerung eher eine höhere Schichtdicke als ein oder zwei Einheitszellen und damit andere Bildungsmechanismen zugrundegelegt werden müssen.

Bei den 10 Å-Mineralen wurde nicht zwischen pedogen gebildeten Tonmineralen und mechanisch zerkleinerten Glimmern unterschieden, die z.B. KUSSMAUL & NIEDERBUDDE (1979) in Parabraunerden aus jungpleistozänem Löß in Süddeutschland auch noch im Feinton nachweisen konnten. Sie wurden aufgrund ihrer engen mineralogischen Verwandtschaft gemeinsam als Illite ausgewiesen, obwohl Illite wegen ihrer strukturellen Variabilität bisher nicht als definiertes Mineral anerkannt worden sind (SCHEFFER & SCHACHTSCHABEL 1989:31). Die 14 Å-Minerale konnten eindeutig als Vermiculite identifiziert werden, da sie schon bei 20 °C nach Sättigung mit Kalium ihren Schichtabstand auf 10 Å verringerten.

Tab. 13: Kationenaustauschkapazität der Gesamttonfraktion (errechnet aus KAK des Gesamtbodens und Tongehalt)
Table 13: Cation exchange capacity of the clay fraction (calculated by CEC of the whole sample and clay content)

Horizont	Profile					
	Lalmatiya	Bhalubang	Sampmarg	Kurepani	Jingmi	Gidhniya
A/AB	14,2		17,5	16,2	17,4	25,5
B	15,5	16,4	16,9	16,0	16,0	16,8
B	15,1	16,8	16,1	14,9	14,8	16,5
B	15,1	17,6	16,2	15,9	15,1	
B	15,8	17,6		16,3	15,7	
B	17,1					
C	15,2	15,8			16,3	17,7
C		17,1			16,8	
IIC		17,1	17,8	16,6		21,5
IIIC			16,3			18,3

Der röntgenographisch ermittelte Tonmineralbestand korreliert sehr gut mit der Kationenaustauschkapazität (s. Tab. 10 u. 11, S. 71), die unter der Annahme, daß sie überwiegend der Tonfraktion zuzuschreiben ist, sehr konstant zwischen 15-20 mval/100 g Ton liegt (s. Tab. 13, S. 80), wobei der Wert durch Glimmer im Feinschluff nach unten, oder durch die organische Substanz nach oben verfälscht werden kann. Diese **sehr geringen** Werte unterstreichen sowohl den o.g. geringen Anteil aufweitbare Minerale enthaltender Wechsellagerungen, als auch die detritische Herkunft der Illite, deren Austauschkapazität offenbar an der unteren Grenze (ca. 20 mval/100 g) der für Illite allgemein postulierten Werte liegt (FANNING et al. 1989:611).

Bei den Zweischichttonmineralen handelt es sich überwiegend um Kaolinite, allerdings ist der 7,15 Å-Reflex regelmäßig - auch bei den scharf abgebildeten Reflexen des Grobtons - mehr oder weniger nach oben verschoben, z.T. bis auf 7,25 Å. Dies spricht für eine teilweise Fehlstruktur der Kaolinite oder eine Beteiligung schwach hydrierter Halloysite (Metahalloysite) am Zweischichtmineralkomplex, eventuell auch in Form von Wechsellagerung mit den kaolinitischen Schichten (BRINDLEY 1980:152 ff.). ESWARAN & YEOW YEW HENG (1976) berichten von Halloysiten als primären Umwandlungsprodukten der Biotitverwitterung bei etwas erhöhter Basensättigung und ausreichendem Bodenwassergehalt. Selbst in der Feinschlufffraktion konnten noch in Spuren unterhalb der grafischen Darstellbarkeit Kaolinite nachgewiesen werden, die entweder als noch den Primärmineralen anhaftende Verwitterungsprodukte gedeutet werden können oder als stabile Komplexe von Kaoliniten mit amorphem, kolloidalem, hydriertem Eisenoxid (FOLLETT 1965).

Insgesamt stellt sich der Tonmineralbestand als **fast vollständig vom Ausgangsmaterial vererbt** dar. Die Zunahme von Illiten und auch Kaoliniten in einigen Profilen verläuft in etwa parallel, was sinnvoller durch Tonverlagerung oder sedimentäre Inhomogenität zu erklären ist als durch Tonmineralneubildung, da so gut wie gar keine Tendenz der silicatischen Verwitterung zu erkennen ist. Dieser Sachverhalt wird verdeutlicht in Tab. 14, wo der Quotient aus Kaolinit- und Illitgehalten - einschließlich der Anteile an Wechsellagerungsmineralen - der jeweiligen Horizonte in Beziehung gesetzt ist zum Kaolinit/Illit-Quotienten des Ausgangsmaterials. Aus den recht konstanten Werten könnte allenfalls eine leichte Tendenz zur Kaolinitbildung zu ersehen sein (Werte >1), die aber in Anbetracht der Datengrundlage aus halbquantitativer Abschätzung der Mineralanteile aus den Röntgenspektren mit großer Vorsicht zu betrachten ist. Ein weiterer wesentlicher Beleg für einen fast vollständig vererbten Tonmineralbestand ist darin zu sehen, daß die Zunahme der Tonminerale nicht mit einer Abnahme von Feldspäten oder

Phyllosilicaten korreliert, sondern mit einer Abnahme der Quarzgehalte (s. Abb. 7 u. 8, S. 77).

Tab. 14: Kaolinit/Illit-Verhältnis im Boden unter Bezug zum Kaolinit/Illit-Verhältnis des Ausgangsmaterials
Table 14: Kaolinite/illite-quotient in the soil related to the kaolinite/illite-quotient of the parent material

Horizont	Profile					
	Lalmatiya	Bhalubang	Sampmarg	Kurepani	Jingmi	Gidhniya
A/AB	1,0	1,1	1,8	1,3	0,9	0,9
B	0,9	1,0	0,8	1,2	1,0	1,1
B	0,9	0,9	1,5	1,3	1,1	0,9
B	1,2	1,1	1,2	1,2	1,1	
B	1,1	1,0	1,4	1,2	1,1	
B	0,9				1,0	
C	1,0	1,0	1,0	1,0	1,0	1,0

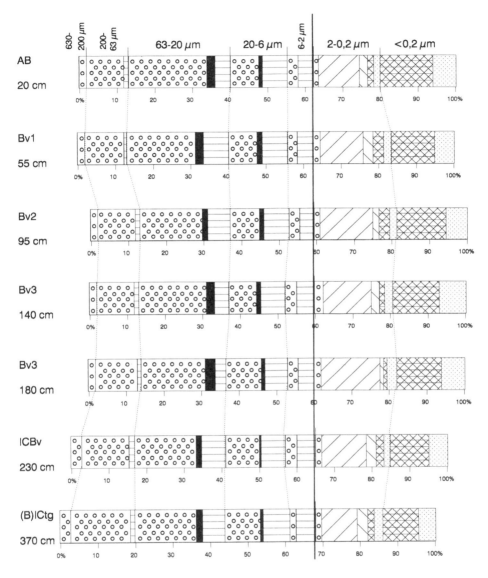

Abb. 9: Mineral- und Tonmineralbestand des Profils Lalmatiya (Deokhuri), nach Kornfraktionen gegliedert
(Legende s. Seite 89)

Fig. 9: Mineral and clay mineral composition of the Lalmatiya profile (Deokhuri), subdivided into particle size fractions
(legend on page 89)

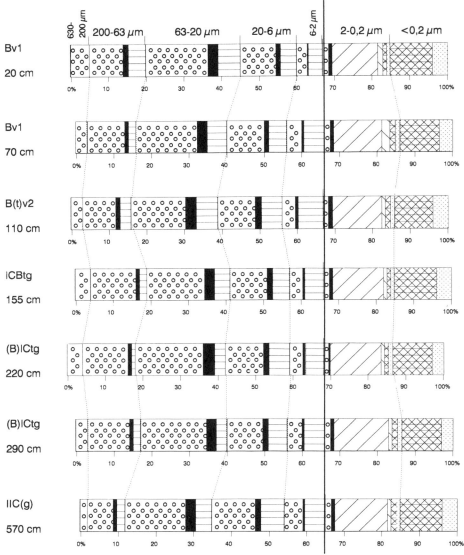

Abb. 10: Mineral- und Tonmineralbestand des Profils Bhalubang (Deokhuri), nach Kornfraktionen gegliedert
(Legende s. Seite 89)

Fig. 10: Mineral and clay mineral composition of the Bhalubang profile (Deokhuri), subdivided into particle size fractions
(legend on page 89)

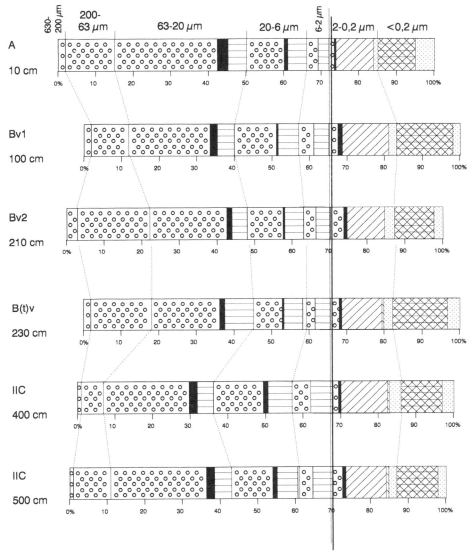

Abb. 11: Mineral- und Tonmineralbestand des Profils Sampmarg (Deokhuri), nach Kornfraktionen gegliedert
(Legende s. Seite 89)

Fig. 11: Mineral and clay mineral composition of the Sampmarg profile (Deokhuri), subdivided into particle size fractions
(legend on page 89)

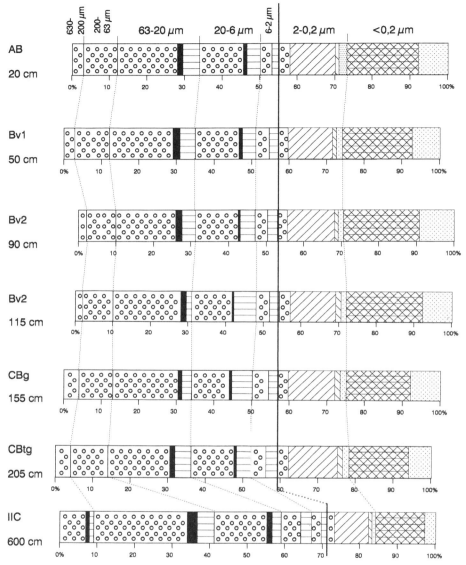

Abb. 12: Mineral- und Tonmineralbestand des Profils Kurepani (Dang), nach Kornfraktionen gegliedert
(Legende s. Seite 89)

Fig. 12: Mineral and clay mineral composition of the Kurepani profile (Dang), subdivided into particle size fractions
(legend on page 89)

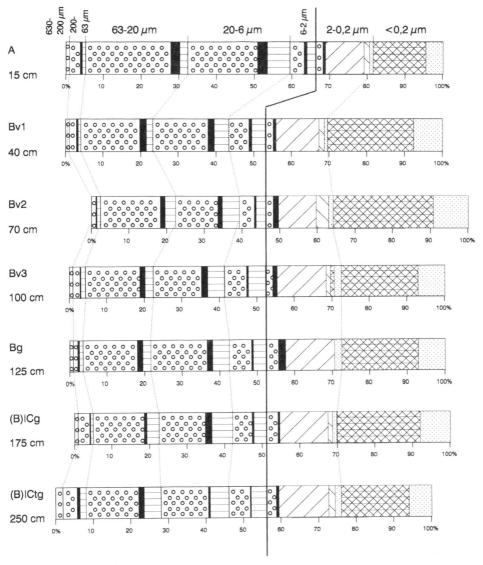

Abb. 13: Mineral- und Tonmineralbestand des Profils Jingmi (Dang), nach Kornfraktionen gegliedert
(Legende s. Seite 89)

Fig. 13: Mineral and clay mineral composition of the Jingmi profile (Dang), subdivided into particle size fractions
(legend on page 89)

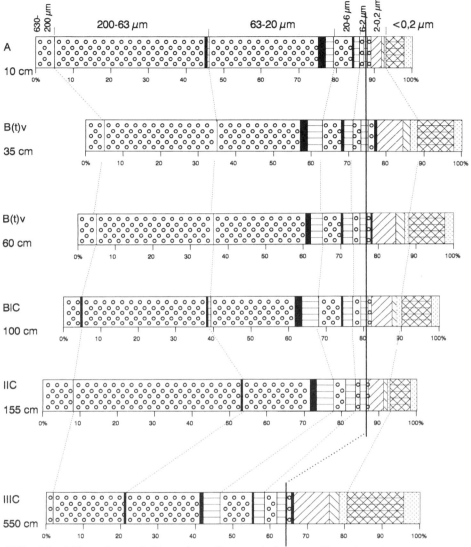

Abb. 14: Mineral- und Tonmineralbestand des Profils Gidhniya (Tui), nach Kornfraktionen gegliedert
(Legende s. Seite 89)

Fig. 14: Mineral and clay mineral composition of the Gidhniya profile (Tui), subdivided into particle size fractions
(legend on page 89)

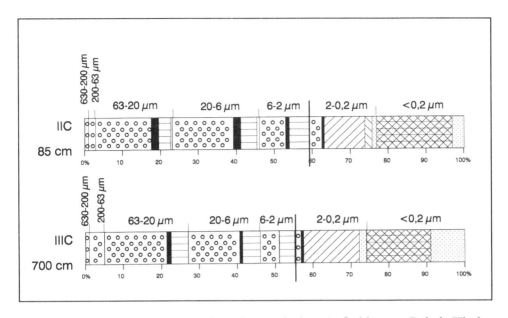

Abb. 15: Mineral- und Tonmineralbestand des Aufschlusses Babai Khola, nach Kornfraktionen gegliedert

Fig. 15: Mineral and clay mineral composition of the Babai Khola profile, subdivided into particle size fractions

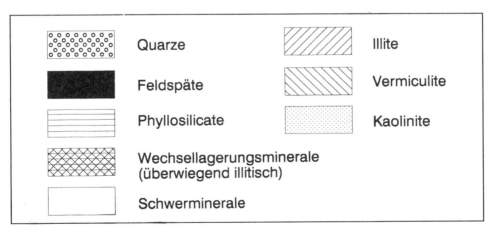

Legende zu Abb. 9-15
legend to Fig. 9-15

4.5.3 Die Rubefizierung und Eisendynamik der Böden

SCHWERTMANN (1985:172) weist den Eisenoxiden die Rolle von Indikatoren der Pedogenese zu und betont ihre Nützlichkeit, den Grad der Verwitterung zu charakterisieren. Insofern kommt der Untersuchung der Eisenoxide im Rahmen dieser Arbeit zu "**Red Soils**" eine herausragende Bedeutung zu. Das nicht oxidisch gebundene Eisen, also in aller Regel silicatisch gebundenes Eisen - manchmal auch als Eisenreserve bezeichnet - stellt den Ausgangspunkt des **irreversiblen** Oxidationsprozesses dar; das Bodenmilieu und Bodenklima bestimmen die Oxidform, in die das freigesetzte Eisen übergeht. Dieser zweite Vorgang ist **reversibel**, so daß die Eisenoxide entsprechend sich ändernder Gleichgewichtsbedingungen im Boden modifiziert werden können (zum theoretischen Hintergrund dieser Problematik bes. SCHWERTMANN & TAYLOR (1989) mit umfangreicher Literaturübersicht). Ein eindrucksvolles Beispiel relativer Zeiteinteilung anhand von Fe_d/Fe_t- und Fe_o/Fe_d-Verhältnissen liefern ARDUINO et al. (1986) anhand von Untersuchungen an einem Terrassensystem in Norditalien. Jedoch wird die Deutlichkeit ihrer Aussage bei einer Übertragung auf andere Gegebenheiten kaum beibehalten werden können, da bereits unterschiedliche Primärmineralbestände mit verschiedenen Fe_t-Gehalten die Aussagekraft wesentlich einschränken können.

Als Eisenreserve der hier untersuchten Böden kommen neben den geringen Biotitgehalten (s. Kap. 4.4.2.1) und den noch weit geringeren, nur in Spuren mikromorphologisch feststellbaren Hornblenden vor allem die (Sediment)-Gesteinsreste in Betracht. Diese waren zwar im Dünnschliff kaum in ihre Komponenten zu differenzieren, jedoch konnten stellenweise Biotite in ihnen identifiziert werden, und sie waren (in verschiedenen Stadien?) schwach bis deutlich von Eisenoxidüberzügen umgeben. Außerdem ist davon auszugehen, daß wie bereits in Kap. 4.3 und Kap. 4.4.2.2 hergeleitet, der beträchtliche Illitanteil (s. Abb. 9-15, S. 83-89) z.T. aus detritischen Biotiten besteht.

Der Verwitterungsgrad der primär eisenhaltigen Minerale scheint recht hoch, er erreicht mit 0,5-0,6 Fe_d/Fe_t (s. Tab. 15, S. 92 und Tab. 16, S. 93) immerhin die Werte eines "Hapludox" aus dem wechselfeucht-humiden Süd-Indien (BRUHN 1990:152), eingeschränkt dadurch, daß dessen Eisenreserve z.T. aus stabilen Magnetiten besteht. Dieser Gehalt an pedogenem Eisen muß jedoch als **vererbt** angesehen werden, da er in den Profilen vom A- bis zum C-Horizont konstant bleibt, sogar in den IIC-Horizonten und auch von Profil zu Profil. Die höheren Fe_d/Fe_t-Werte im Profil Gidhniya sind nicht als stärkere Eisendynamik zu deuten, sondern auf den geringeren Gesamteisengehalt zurückzuführen. Diese innerhalb der Profile konstanten Eisenoxidgehalte stehen

in Kontrast zu der z.T. stark ausgeprägten Rubefizierung, die nicht nur durch die Farbbestimmung, sondern auch durch röntgenanalytisch ermittelte Hämatit/Goethit-Verhältnisse (H/G) und für wenige Proben Mößbauer-spektroskopisch nachgewiesen werden konnte (Tab. 15 und 16). Sie bedeuten, daß die Hämatitbildung nicht auf Kosten der Eisenreserve erfolgt, sondern daß offenbar die Durchfeuchtungsphase im Boden ausreicht, die Eisenoxide wenigstens teilweise wieder zu reduzieren, so daß die von SCHWERTMANN (1989:402) beschriebene Konkurrenzsituation von Hämatit und Goethit erneut auftritt. Andererseits wären bei diesem Prozeß, bei dem oxalatlösliches Ferrihydrit als Zwischenprodukt gebildet wird, wesentlich höhere Fe_o/Fe_d-Werte zu erwarten. Die hier ermittelten Werte können keinerlei rezente Eisendynamik belegen; außerdem weisen die Profile ausgeprägte hydromorphe Merkmale erst ab dem CB/BC-Horizont auf. Trotzdem scheint eine monsunbedingte zyklische Reduzierung und erneute Oxidation des Eisens eine plausible Erklärung, indem aufgrund der organischen Substanz im A/B-Horizont mehr Goethit (SCHWERTMANN et al. 1984), im humusarmen, trockenen, heißen B-Horizont mehr Hämatit und im länger feucht bleibenden, hydromorphierten CB/BC-Horizont wieder mehr Goethit gebildet wird. Das ausgeprägte Wasserdefizit im Frühsommer (s. Abb. 6, S. 20) mag dabei mitverantwortlich sein, daß es zu keiner Ferrihydritphase kommt. Dieser Argumentation folgend wäre zwar der **Eisenoxidgehalt vererbt**, die **Hämatitbildung** jedoch ein **rezenter Prozeß**.
Die geringere Rubefizierung des Profils Gidhniya, die sich auch in der geringeren Zunahme des H/G-Verhältnisses zeigt, kann weder durch höhere Gehalte an organischer Substanz erklärt werden (s. Kap. 4.5), noch ist entsprechend der morphologischen Charakterisierung eine jüngere Bodenbildung zu vermuten. Als Ursache muß das von den anderen Profilen deutlich verschiedene Substrat angesehen werden, das wesentlich phyllosilicat-ärmer und quarzreicher ist (s. Abb. 7 u. 8, S. 77). Auf die Unabhängigkeit von Rubefizierungsgrad und Alter des Bodens weisen u.a. BRONGER et al. (1984) hin.

Tab. 15: Kennwerte der Eisendynamik der Profile aus dem Deokhuri-Tal
Table 15: Features of the iron dynamics of the profiles of the Deokhuri-Valley

Tiefe cm	Horizont	Fe_t %	Fe_d %	Fe_o %	Fe_d/Fe_t	Fe_o/Fe_d	Farbwert	H/G n. DXRD
\multicolumn{9}{c}{Profil Lalmatiya (Deokhuri)}							
20	AB	4,04	2,21	0,08	0,55	0,04	3,75 YR 4/8	
55	Bv 1	4,35	2,17	0,09	0,50	0,04	3,75 YR 4/8	
95	Bv 2	4,50	2,36	0,08	0,52	0,03	< 3,75 YR 4/8	1,9
140	Bv 3	4,45	2,39	0,08	0,54	0,03	5 YR 5/8	
180	Bv 3	4,45	2,32	0,08	0,52	0,03	5 YR 5/8	
230	lCBv	4,51	2,41	0,09	0,53	0,04	5 YR 5/8	0,7
370	(B)lCtg	3,84	2,09	0,05	0,54	0,02	7,5 YR 5/8	
\multicolumn{9}{c}{Profil Bhalubang (Deokhuri)}							
20	Bv 1	4,01	2,16	0,07	0,54	0,03	6,25 YR 5/7	
70	Bv 1	4,11	2,06	0,08	0,50	0,04	6,25 YR 5/6	
110	B(t)v 2	3,97	1,97	0,09	0,50	0,05	3,75 YR 5/8	
155	lCBtg	3,78	1,94	0,09	0,51	0,05	5 YR 5/8	
220	(B)lCtg	3,80	1,89	0,07	0,50	0,04	5 YR 5/8	
290	(B)lCtg	3,70	1,92	0,06	0,52	0,03	5 YR 5/8	
570	IIC(g)	3,86	1,92	0,06	0,50	0,03	7,5 YR 6/6	
\multicolumn{9}{c}{Profil Sampmarg (Deokhuri)}							
10	A	3,44	1,86	0,07	0,54	0,04	6,25 YR 5/8	
100	Bv 1	4,63	2,41	0,06	0,52	0,02	6,25 YR 5/8	
210	Bv 2	4,28	2,23	0,04	0,52	0,02	7,5 YR 6/8	
230	B(t)v	5,41	2,87	0,07	0,53	0,02	7,5 YR 6/8	
400	IIC	4,44	2,22	0,03	0,50	0,01	7,5 YR 6/8	
500	IIC	4,11	2,14	0,04	0,52	0,02	7,5 YR 6/8	

Das von BACKER (1989) beschriebene Profil "Arjun Khola", welches sich ebenfalls im Deokhuri-Tal befindet, zeigt im Bt-Horizont ein H/G-Verhältnis von 1,48 gegenüber 0,85 im Ausgangsmaterial.

Tab. 16: Kennwerte der Eisendynamik der Profile aus dem Dang- und Tui-Tal
Table 16: Features of the iron dynamics of the profiles of the Dang- and Tui-Valley

Tiefe cm	Horizont	Fe_t %	Fe_d %	Fe_o %	Fe_d/Fe_t	Fe_o/Fe_d	Farbwert	H/G n. DXRD
\multicolumn{9}{c}{Profil Kurepani (Dang)}
20	AB	4,60	2,52	0,09	0,55	0,04	>5 YR 5/8	
50	Bv 1	4,76	2,56	0,07	0,54	0,03	>5 YR 5/8	0,5
90	Bv 2	5,01	2,72	0,10	0,54	0,04	5 YR 5/7	0,8
115	Bv 2	5,04	2,82	0,09	0,56	0,03	5 YR 5/8	0,6
155	CBg	4,80	2,63	0,10	0,55	0,04	6,25 YR 5/7	0,6
205	CBtg	4,56	2,57	0,09	0,56	0,04	6,25 YR 5/7	0,5
600	IIC	3,70	2,17	0,12	0,59	0,06	10 YR 7/3	
\multicolumn{9}{c}{Profil Jingmi (Dang)}
15	A	3,79	2,01	0,17	0,53	0,10	8,75 YR 5/6	
40	Bv 1	4,85	2,52	0,12	0,52	0,05	6,25 YR 5/7	
70	Bv 2	5,19	2,70	0,10	0,52	0,04	6,25 YR 5/6	
100	Bv 3	5,46	2,75	0,12	0,50	0,04	5 YR 5/7	
125	Bg	5,15	2,58	0,12	0,50	0,05	5 YR 5/7	1,1
175	(B)lCg	4,88	2,57	0,09	0,53	0,03	7,5 YR 6/6	
250	(B)lCtg	4,96	2,48	0,11	0,50	0,05	7,5 YR 6/6	0,3
\multicolumn{9}{c}{Profil Gidhniya (Tui)}
10	A	1,66	1,10	0,07	0,66	0,06	10 YR 6/4	
35	B(t)v	2,84	1,72	0,08	0,61	0,05	7,5 YR 5/7	0,6
60	B(t)v	2,60	1,70	0,06	0,65	0,04	7,5 YR 6/6	
100	BlC	2,48	1,40	0,04	0,56	0,03	10 YR 6/6	
155	IIC	1,99	1,25	0,04	0,63	0,03	10 YR 7/6	0,1
550	IIIC	4,14	2,82	0,06	0,68	0,02	10 YR 6/7	

Die an vier Proben vorgenommene Überprüfung der durch DXRD ermittelten H/G-Verhältnisse anhand von Mößbauer-Messungen bestätigte die relative Hämatitzunahme recht genau (s. Tab. 17), das absolute Verhältnis von Hämatit zu Goethit wich jedoch erheblich voneinander ab, bzw. kehrte sich sogar um. Der Grund hierfür wird in der Selektion der Kornfraktion <6 μm für das DXRD-Verfahren gesehen, wodurch die regelmäßig größeren Fe/Mn-Konkretionen von der Analyse ausgeschlossen wurden. Diese im Dünnschliff als schwarze Konkretionen mit vollständiger Imprägnierung erscheinenden Konkretionen bestehen nach BOERO & SCHWERTMANN (1987) in der Regel fast ausschließlich aus Goethit. SIDHU et al. (1977) berichten im Gegensatz dazu nur von röntgenamorphen Eisenverbindungen nach Untersuchungen von

Fe/Mn-Konkretionen aus Inceptisolen der Ganges-Ebene in Punjab (Indien). Möglicherweise hängt dies damit zusammen, daß sie die an Quarz, Feldspäten und Illiten reiche Substanz nicht nach der differentiellen Röntgendiffraktometrie analysiert haben. Es ist somit wahrscheinlicher, daß der Goethitanteil dieser Konkretionen für die Diskrepanz der Werte verantwortlich ist, als daß ein methodenbedingter Überhöhungsfaktor für eine der Mineralformen vorliegt, zumal sich ein Umrechnungsfaktor für die Proben innerhalb eines Profils gut bilden läßt, jedoch nicht auf die Proben eines anderen Profils übertragbar ist, soweit sich dies aus wohlgemerkt nur vier Vergleichsproben ableiten läßt (s. Tab. 17). Hieraus folgt, daß es im DXRD-Verfahren sinnvoll ist, entweder vor dem Gewinnen der Kornfraktion <6 µm das Probenmaterial in einer Kugelmühle zu mahlen, um so die Konkretionen weitgehend zu zerkleinern und in die Messung einzubeziehen, oder besser noch neben der Kornfraktion <6 µm die Konkretionen von dem restlichen Substrat zu isolieren und auf ihre Eisenmineralogie hin zu untersuchen.

Tab. 17: Vergleich des H/G-Verhältnisses ausgewählter Proben ermittelt durch DXRD und Mößbauer-Spektroskopie
Table 17: Comparison of hematite/goethite-relations of chosen samples investigated by either DXRD or mößbauer-spectroscopy

Tiefe cm	Horizont	H/G-Verh. nach DXRD	Mößbauer	Umrechnungs-faktor
		Profil Lalmatiya		
95	Bv 2	1,90	0,48	0,25
230	lCBv	0,72	0,15	0,21
		Profil Kurepani (Dang)		
50	Bv 1	0,47	0,18	0,38
115	Bv 2	0,55	0,22	0,40

Um eine Vorstellung der Datengrundlage dieses für die Interpretation bedeutenden Aspektes zu liefern, werden in den Abb. 16 und 17 (S. 96 und 97) am Beispiel des Profils Lalmatiya (Deokhuri) die DXRD-Spektren und die Mößbauer-Spektren dargestellt.

Der Versuch, die von TORRENT et al. (1980; 1983) in die Diskussion gebrachte quantifizierbare Beziehung zwischen Bodenfarbe und Hämatitgehalt beispielhaft auf einen der "Red Soils" Südwest-Nepals anzuwenden führte zu unterschiedlichen Ergebnissen (s. Tab. 18). Die Mößbauer-spektroskopisch gemessenen Hämatitgehalte wurden durch die Berechnungen nicht widergespiegelt, was durch die Einbeziehung der goethitreicheren Fe/Mn-Konkretionen verständlich wird, die auf die Pigmentierung der Matrix keinen direkten Einfluß nehmen. Die auf DXRD-Basis gemessenen Gehalte korrelieren sehr gut mit einer der angebotenen Berechnungen, die anhand von Untersuchungen an zwei Flußterrassensystemen in Spanien erstellt wurde, jedoch in keiner Weise mit den später modifizierten Formeln. Es stellt sich hier von selbst die Frage nach der Nützlichkeit dieser Berechnungen, wenn erst **nach** der Messung eine sinnvolle Auswahl der Schätzungsformel erfolgen kann. Möglicherweise können umfangreiche, regional differenzierte Arbeiten in Zukunft zu Verbesserungen führen.

Tab. 18: Vergleich gemessener Hämatitgehalte mit den nach TORRENT et al. (1980; 1983) berechneten Werten
Table 18: Comparison of analyzed hematite contents to calculated contents after TORRENT et al. (1980; 1983)

Tiefe cm	Horizont	Farbwert MUNSELL	Redness rate TORRENT et al.	\multicolumn{5}{c}{Hämatitgehalt abs. (%)}				
				T_1	T_2	T_3	DXRD	MB
\multicolumn{9}{c}{Profil Lalmatiya}								
95	Bv 2	<3,75 YR 4/8	13	12	5	1,6	1,53	0,76
230	lCBv	5 YR 5/8	8	7	3	0,9	1,01	0,32

T_1: Hämatitgehalt berechnet nach der Korrelation $y = 0,82x + 2,45$ (TORRENT et al. 1983, ermittelt für brasilianische Böden
T_2: Hämatitgehalt berechnet nach der Korrelation $y = 2,6x + 0,1$ (TORRENT et al. 1983, ermittelt für europäische Böden
T_3: Hämatitgehalt berechnet nach der Korrelation $y = 6,91x + 1,76$ (TORRENT et al. 1980, ermittelt für wenige Böden in Spanien
DXRD: Hämatitgehalt gemessen durch differentielle Röntgendiffraktometrie ohne Fe/Mn-Konkretionen
MB: Hämatitgehalt gemessen durch Mößbauer-Spektroskopie einschließlich Fe/Mn-Konkretionen

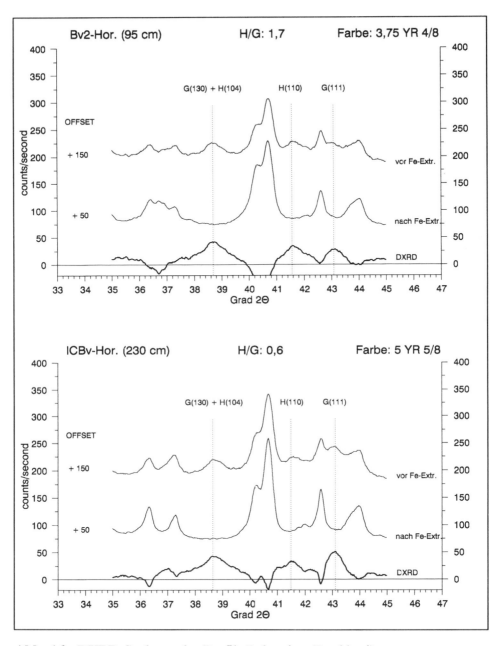

Abb. 16: DXRD-Spektren des Profils Lalmatiya (Deokhuri)
Fig. 16: DXRD-spectra of the Lalmatiya profile (Deokhuri)

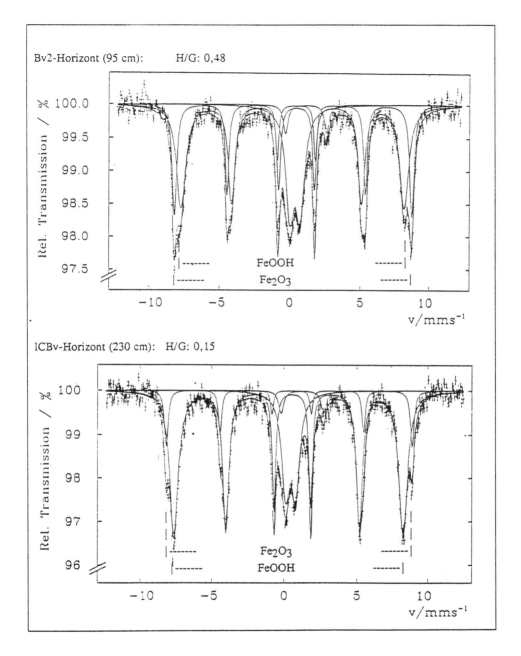

Abb. 17: Mößbauer-Spektren des Profils Lalmatiya (Deokhuri)
Fig. 17: Mössbauer-spectra of the Lalmatiya profile (Deokhuri)

4.6 Einordnung der Böden in Klassifikationssysteme

Da die Böden alle in vergleichbarer geomorphologischer Position liegen, aus sehr eng miteinander verwandten Bodensedimenten entstanden sind und in pedogenen Merkmalen sowie den sie bedingenden Prozessen offenbar weitestgehend übereinstimmen, kann ihre Einbindung in die Bodenklassifikationssysteme gemeinsam diskutiert werden.

Das in Deutschland gebräuchliche Klassifikationssystem, fußend auf den Systemen KUBIENAs (1953) und MÜCKENHAUSENs et al. (1976) (beide zit.n. SCHEFFER & SCHACHTSCHABEL 1989:399 ff.) und ausführlich dargestellt (und regelmäßig aktualisiert) von der ARBEITSGRUPPE BODENKUNDE (1982), ist naturgemäß außerhalb der gemäßigten Breiten nur bedingt anwendbar. Am ehesten kommt eine Deutung der "Red Soils" als im unteren Bereich pseudovergleyte Parabraunerde-Braunerden in Betracht, wobei der über dem BCtg- liegende B-Horizont keinesfalls als Al-, eher schon als Bv-Horizont angesprochen werden kann. Aber auch mit dem Konzept des Bv-Horizontes ist kaum die Vorstellung eines mächtigen, z.T. stark rubefizierten Horizontes verbunden, der nur noch geringe Anteile leicht verwitterbarer Minerale aufweist. Andererseits sind die Anforderungen an einen Bu-Horizont weder von der Farbdifferenz (s. Tab. 15 u. 16, S. 92) noch der Kationenaustauschkapazität der Tonfraktion erfüllt (s. Tab. 13, S. 80).

Nach der "Soil Taxonomy" (SOIL SURVEY STAFF 1975; 1990) sind die hier untersuchten "Red Soils" entsprechend ihrer Basensättigung, dem "soil moisture regime", der Kationenaustauschkapazität und der Tonzunahme im Profil als "Typic Hapludalfs/Hapludults" zu klassifizieren, wobei die Böden des Deokhuri-Duns in die Order der Alfisols gehören, die des Dang-Duns zu den Ultisols. Voraussetzung dafür ist jedoch die Ansprache des "illuviation argillans" enthaltenden Horizontes als "argillic horizon", dessen klassisches Konzept in diesem Falle nicht unbedingt erfüllt ist, da kein Eluvialhorizont vorhanden ist, und damit ein Tonanreicherungshorizont im pedogenetischen Sinne nicht nachgewiesen werden kann, zumal diese Horizonte auch keine absolute Tonzunahme erkennen lassen. Folgt man dieser Argumentation, so sind die "Red Soils" als **"Typic Dystrochrepts"** anzusprechen, was gemeinhin als recht unbefriedigend angesehen sein mag, hier jedoch vor allem unter Berücksichtigung der mineralogischen Untersuchungen eine brauchbarere Vorstellung der Böden liefert als eine sehr willkürlich anmutende Aufteilung in die Order der "Alfisols" und sogar "Ultisols". Die Profile des Dang- und Tui-Tales genügen gerade nicht der Bedingung von 0,2% C_{org} bis in 1,25m Tiefe, sie könnten deshalb genauer als "(Fluventic) Typic Dystrochrepts" bezeichnet werden. Für die Profile Bhalubang (Deokhuri) und Gidhniya (Tui), die einen CBtg bzw, B(t)v aufweisen, mag diese Einordnung umstritten sein, doch wird auch für diese Profile aufgrund der fast ausschließlich vererbten pedogenen Merkmale das Konzept des **"Inceptisols"** bevorzugt, um einem bodengenetischen Anspruch an die Klassifizierung zu genügen. Diese Einschätzung steht im Einklang mit der Beobachtung GHILDYALs (1981), der die Bodenentwicklungen auf Terrassen am Oberlauf des Ramganga (Uttar Pradesh/Indien, siwalik area) als noch im Stadium von "Inceptisols" und "Entisols" befindlich beschreibt.

Für die FAO-Klassifikation (FAO 1974) wird entsprechend nicht ein "Dystric Nitosol", sondern ein "Dystric Cambisol" vorgeschlagen, obwohl die Kriterien eines "Nitosols", der nicht an einen darüberliegenden Eluvialhorizont geknüpft ist (FAO 1974:40), ebenfalls erfüllt wären.

Es wird deutlich, daß die durch geringe sedimentäre Inhomogenität erschwerte und nur durch die mikromorphologischen Untersuchungen möglich gewordene Ansprache und Definition des "argillic horizon" (s. auch Kap. 4.4.1) eine klare, eindeutige Stellung in den Klassifikationssystemen nicht zuläßt. Zudem zeigt sich, daß der Prozeß der Hydromorphierung bei der Klassifizierung nach der "Soil Taxonomy" und der "FAO-Legend" zu wenig zum Tragen kommt, was den genetisch interessierten Anwender nicht zufriedenstellen kann. Die Tatsache, daß einige der Profile als "Ultisols" angesprochen werden können, deutet auf die von BRONGER & CATT (1989) beschriebene Problematik hin, daß in den gesamten Klassifikationen nicht zwischen **Böden** und **Bodensedimenten** unterschieden wird, und dementsprechend vererbte Eigenschaften auch auf höchstem taxonomischen Niveau zur Trennung von Böden führen, die rezent eine äußerst ähnliche Bodenentwicklung zeigen.

Ein Vergleich zu einem der 64 von MURTHY et al. (1982) publizierten "Benchmark Soils of India" konnte nicht gezogen werden, da aus der Himalayaregion einschließlich der nordöstlichen Berge Indiens nur vier "series" beschrieben werden, die sich alle wesentlich von den hier dargestellten "Red Soils" unterscheiden.

5. Interpretation und Diskussion der Ergebnisse auf bodengeographischer Grundlage

5.1 Herkunft des Ausgangsmaterials

Zur Beurteilung pedogener Prozesse ist die Einbeziehung des Ausgangsmaterials in die Untersuchung der Böden unabdingbar. Um Erkenntnisse zu erlangen, die der Rekonstruktion der Landschaftsgeschichte dienlich sein können, ist neben einer genetischen Charakterisierung der Böden die Frage nach der Herkunft des Ausgangsmaterials ein hilfreicher Ansatz.

Die in Kap. 4 dargestellten Ergebnisse zeigen ein Ausgangsmaterial, das kaum noch leicht verwitterbare Primärminerale aufweist und bereits einige Prozente Kaolinit enthält. Es ist somit eindeutig bereits als **Bodensediment** anzusprechen, das ein- oder mehrfach umgelagert worden ist. Aus den in Kap. 4.2. genannten Gründen wird abgeleitet, daß diese Umlagerung durch fluviale Prozesse erfolgte; dies steht in Übereinstimmung mit der Kennzeichnung der entsprechenden Gebiete in der geologischen Karte des TOPOGRAPHICAL SURVEY BRANCH (1982) als "unkonsolidierte alluviale Sedimente, einschließlich Flußterrassen". Eine äolische Komponente der Sedimente erscheint schon deshalb unwahrscheinlich, da bis auf die letzten Dekaden das gesamte Gebiet von Vegetation bedeckt gewesen ist, und Staubstürme, die heute in den Tälern oft zu beobachten sind, für die Vergangenheit nicht zu vermuten sind. Dies gilt auch für die kälteren Perioden zu Ende des letzten Glazials, da KRAL & HAVINGA (1979) anhand pollenanalytischer Untersuchungen an Proben der Sedimentserie des Kathmandu-Sees wechselnde Perioden ausgesprochen kontinentalen (kalt-trockenen) und ozeanisch beeinflußten (milden) Klimas im Zeitraum 36 000-25 000 BP nachweisen konnten, und für die kalten Phasen eine Gras- und Artemisiasteppe im Umland des Kathmandubeckens ermittelten. Legt man den heutigen Temperaturunterschied zwischen Deokhuri- und Dang-Dun einerseits und Kathmandubecken andererseits von etwa 5°C zugrunde (s. Abb. 5 und 6, S. 18 und 20), so ist auch während des Spätpleistozäns eine Waldvegetation in den intramontanen Becken wahrscheinlich.

Das Wassereinzugsgebiet der beiden Flüsse (Babai Khola und Rapti Khola), auf deren Terrassen sich die untersuchten Bodenprofile gebildet haben, beschränkt sich auf relativ kleine Bereiche der Siwalikzone und der "Mahabharat Range". Da das Flußnetz in diesem Bereich sich seit Ablagerung der Sedimente sicherlich nicht wesentlich verändert hat, kann ausgeschlossen werden, daß das offenbar intensiv verwitterte Substrat älteren Bodenbildungen des nepalischen Mittellandes entstammt, die von HORMANN (1974), FRANZ

(1976), MÜLLER (1976) und FRANZ & MÜLLER (1978) beschrieben werden. Somit ist es sehr wahrscheinlich, daß es sich bei dem Ausgangsmaterial der untersuchten Böden um erodiertes Material vor allem der Siwalikschichten handelt, da WINTER (1991) einige dieser Schichten bereits als Paläobodensedimente ansprechen konnte. Einen Beleg dafür liefern auch die in dieser Arbeit dargestellten mikromorphologischen Studien, bei denen unter gekreuzten Polarisatoren sehr viele Quarzite eine äußerst feine Rekristallisation an den Kornrändern aufweisen und fast alle Quarze eine ausgeprägte undulöse Auslöschung zeigen, was nach BLATT & CHRISTIE (1963) ein deutlicher Hinweis auf ihre starke tektonische Beanspruchung ist, wie sie bei dem über 5 km mächtigen Sedimentpaket der Siwaliks gegeben war.

Die Mächtigkeit der Flußterrassen, die sich z.T. mehr als 10 m über das heutige Flußniveau erheben, kann z.T. als Folge der immer noch aktiven tektonischen Prozesse gedeutet werden, wobei sich die Flüsse entsprechend der Heraushebung über den Vorfluter immer tiefer einschneiden (BRUNSDEN et al. 1981:36). Ein weiterer Grund kann in der von BREMER (1985) betonten Intensivierung geomorphologischer Prozesse in tektonisch aktiven Gebieten liegen, die zu wesentlich höheren Massenumsätzen führt als in tektonisch stabilen Gebieten.

5.2 Die bodenbildenden Faktoren

5.2.1 Faktor Zeit

Der bodenbildende Faktor Zeit läßt sich allein aufgrund (ton)mineralogischer und bodenchemischer Untersuchungen nur sehr grob eingrenzen. Da unter dieser Fragestellung über Böden der Siwalikzone in der Literatur keine Angaben zu finden sind, müssen die damit allein stehenden hier getroffenen Schlußfolgerungen einen etwas spekulativen Charakter behalten. Erschwert wird eine diesbezügliche Interpretation durch den relativ verwitterungsresistenten Primärmineralbestand, der den Befund, daß Tonmineralbildung oder -umwandlung nicht nennenswert stattgefunden haben, nicht zwangsläufig auf eine sehr junge Bodenbildung rückschließen läßt.

Das wohl überraschendste Ergebnis der tonmineralogischen Untersuchungen ist die **fehlende Tendenz zur Kaolinitbildung**, die in der vorliegenden Arbeit an mehreren Profilen nachgewiesen wurde, wodurch der bislang nur an einem Profil gemachte Befund BACKERs (1989) wesentlich gestützt wird. Dieses Ergebnis deutet darauf hin, daß es sich um holozäne, allerhöchstens spätpleistozäne Bodenbildungen handelt. Gleichzeitig gibt es einen Hinweis darauf, daß die Verwitterungsgeschwindigkeit tropischer Böden möglicherweise allgemein überschätzt wird (s. z.B. Literaturübersicht in MOHR et al. 1972:145-156). Selbst wenn die Böden nur wenige tausend Jahre alt sind, befinden sie sich immerhin im "hyperthermic" soil temperature regime bei einem "udic" soil moisture regime (Definitionen entsprechend der "Soil Taxonomy" des SOIL SURVEY STAFF 1975). Klar widersprochen werden muß der Ansicht BREMERs (1989:371), daß ein "Rotlehm (i.S.v. Oxisol, Anm. d. Verf.) mindestens ähnlich schnell wie ein Boden in den Außertropen, vielleicht schneller entsteht", wobei sie für einen voll entwickelten Boden der gemäßigten Breiten einen Zeitraum von 2000-5000 Jahren zugrunde legt (BREMER 1989:362). Diese Zeitvorstellung der tropischen Bodenentwicklung ist mit den in dieser Arbeit vorgelegten Ergebnissen unvereinbar, die in Einklang steht mit DIXON (1989:488), der für die Bildung pedogener Kaolinite als einem der Hauptmineralbestandteile einen Zeitraum von weit über 10 000 Jahren für notwendig hält. ALLEN & HAJEK (1989:236) weisen darauf hin, daß der Kaolinitbestand tropischer Inceptisols sehr häufig vom meist vorverwitterten Ausgangsmaterial vererbt ist. Genauere Datierungen der untersuchten Böden, z.B. mittels Thermolumineszenz-Untersuchungen, könnten zu diesem Problemkreis wertvolle Anhaltspunkte liefern. Eine Erklärung der fehlenden Kaolinitisierung könnte auch in der von BRONGER & BRUHN (1989) und BRUHN (1990) ermittelten klimatischen Schwelle rezenter Kaolinitbildung liegen, die von ihnen bei etwa 2000 mm Jahresniederschlag und 6 humiden Monaten liegt. Diese Werte werden nach den vorliegenden Daten in Südwest-Nepal mit etwa 1800 mm Jahresniederschlag und 5 humiden Monaten gerade eben nicht erreicht (s. Klimadiagramme in Abb. 6, S. 20).

Besonders interessant wird dieser Befund dadurch, daß die Böden z.T. sehr stark **autochthon rubefiziert** sind. Aufgrund von Untersuchungen an Terrae Rossae der Slowakei weisen BRONGER et al. (1984) darauf hin, daß der Grad der Rubefizierung offensichtlich unabhängig sein kann von der Intensität der Verwitterung und zeigen an einem Boden eine enorme Zunahme des Hämatitgehaltes gegenüber dem Ausgangsmaterial (von 0,3% auf 5,2% Hämatit) ohne entsprechende silicatische Verwitterung bzw. Tonmineralbildung. Dieser Befund - trotz nicht vergleichbarer lithologischer und klimatischer Bedingungen - entspricht den hier erzielten Ergebnissen, so daß die oben zitierte These von BRONGER et al. gestützt wird. Einen Beleg unter umgekehrten Vorzeichen stellt die Untersuchung von SIDHU et al. (1977) dar, die an heute nicht mehr vom Fluß beeinflußten Terrassen des Sutlej im Indo-Gangetischen Tiefland (Punjab/Indien) lediglich "cambic horizons" fanden. Diese wiesen sowohl ab etwa 60 cm in-situ gebildete Fe/Mn-Konkretionen auf, als auch gleichzeitig eine sekundäre Aufkalkung, was sie als polygenetische Böden identifiziert, andererseits aber trotz eines relativ geringen Jahresniederschlags von ca. 700 mm offenbar keine Hämatitbildung, was nicht explizit analysiert wurde, sondern an der Farbbestimmung von 10 YR festgemacht werden kann. Dies ist demnach als weiterer Hinweis auf offenbar milieuabhängige Modifikationen der Eisenoxidation (s.a. SCHWERTMANN 1985) zu werten. BRONGER et al. (1984) und BRONGER & BRUHN (1989) weisen darüberhinaus darauf hin, daß der Grad der Rotfärbung nicht unbedingt mit dem Hämatitgehalt der Böden korrelieren muß (s.a. Kap. 4.4.3), so daß auch deshalb - neben der Unabhängigkeit von Hämatitgehalt und Alter des Bodens - die rote Farbe keinen geeigneten Anzeiger für das Alter eines Bodens darstellt. Ein vorsichtiger Umgang mit wenn auch groben Altersangaben aufgrund der Rotfärbung von Böden scheint insofern angebracht, und es ist zumindest fragwürdig, eine Flußterrasse im nepalischen Mittelland allein wegen ihres "mächtigen roten Bodens" in die vorletzte Eiszeit zu stellen (HORMANN 1974) - eine Kritik, die von FRANZ (1976:25) geteilt wird - auch wenn dies nachträglich durch stratigraphische Untersuchungen gestützt werden konnte (FRANZ & MÜLLER 1978).

Aufgrund des oben charakterisierten Entwicklungsstadiums der Böden und der mikromorphologisch nur sehr gering nachweisbaren Tonverlagerung - in Anbetracht des Klimas sowie pH und Kationenbelag der Böden erstaunlich geringen - scheint eine Einstufung als holozäne bis sehr spätpleistozäne Bodenbildung möglich, so daß die von CORVINUS (pers. Mitt.) erhobene Frage, ob die von ihr an den Wänden der Erosionsschluchten gefundenen Artefakte aus dem Solum stammen oder von der Geländeoberfläche heruntergespült worden sind, eher mit der ersten Möglichkeit beantwortet werden kann, zumindest was die Artefakte betrifft, die älter als neolithisch sind.

Ein Vergleich der "Red Soils" aus dem Deokhuri- und Dang-Dun mit den von FRANZ & MÜLLER (1978) und MÜLLER (1976) beschriebenen roten Böden aus Zentralnepal ist nicht sonderlich sinnvoll, da diese anhand ihrer stratigraphischen Position als mindestens letztinterglazial datiert werden konnten, was sich unter anderem in beginnender Gibbsitisierung niederschlägt (MÜLLER 1976). MÜLLERs darauf und auf zunehmende Hämatit- und Goethitgehalte gründende Ansprache dieser Böden als "lateritische Rotlehme" muß jedoch kritisch betrachtet werden. Eine pollenanalytische Datierung der mit roten Böden bedeckten Terrassen am Südrand des Kathmandubeckens ist bislang noch nicht gelungen (KRAL & HAVINGA 1979).

GHABRU & GOSH (1985) beschreiben als rezente Bodenbildung der Middle Siwaliks in Himachal Pradesh (Indien) "Typic Hapludalfs", deren Genese jedoch nur unzureichend nachvollzogen werden kann, da der mineralogischen Kennzeichnung der Böden keine Angaben über ihr

Ausgangsmaterial beigefügt sind, und außerdem die Einordnung der Böden als "Alfisols" allein anhand der Tongehalte erfolgt ist, ohne daß ein mikromorphologischer Nachweis eines "argillic horizon" erbracht worden ist (zu letzterer Problematik vgl. BRONGER 1978 u. 1991). Die dargestellten Ergebnisse entsprechen in Teilen den in Kap. 4 vorgestellten. So fanden GHABRU & GOSH im Tonmineralbestand aller untersuchten Horizonten in etwa konstante Kaolinitgehalte, Anteile an Wechsellagerungsmineralen von etwa 5-10% und 10 Å-Minerale, die sie nicht als Illite, sondern als detritischen Ursprungs charakterisierten. Andererseits konnten sie neben Spuren von Smectiten und Vermiculiten nicht nur reguläre Wechsellagerungen identifizieren, sondern auch recht hohe Gehalte (10-15%) an pedogenen Chloriten, die sie für diesen Raum als Endstadium der Phyllosilicatverwitterung postulieren. Unter dieser Annahme können die "Red Soils" der intramontanen Becken Südwest-Nepals als wesentlich jüngere Böden angesehen werden, deren irreguläre Wechsellagerungsminerale gerade erst den Beginn der Glimmerverwitterung darstellen.

Folgt man einem geomorphologischen Ansatz, um im Sinne ROHDENBURGs (1989) Reliefanalyse und Substratanalyse zu vereinen, um zu einer Prozeßanalyse zu gelangen, und interpretiert mit BREMER (1975:39) die untersuchten Böden und Sedimente als trockenere Randgebiete eines intramontanen Beckens, die sich als Fußflächen an den umgebenden Bergen aufgrund von Hebungsvorgängen gegenüber einem Vorfluter bilden, so ergibt sich durch den heutigen Niveauunterschied von Geländeoberfläche der "Red Soils" zu Flußniveau eine Hebung von etwa 10-20 m, was sehr deutlich an den direkt am Fluß liegenden Profilen Sampmarg (Deokhuri) und Kurepani (Dang) zu erkennen ist. Unter Berücksichtigung der rezenten Hebungsrate der Siwaliks, die von GANSSER (1986) mit 0,5-1 mm/a, von IWATA (1987) mit 1 mm/a und von LOW (1968, zit. n. BRUNSDEN 1981:68) mit 1-4 mm angegeben wird, ergäbe sich mit 10 000-20 000 Jahren bei allen Vorbehalten eine grobe Vorstellung über den zeitlichen Rahmen der Bodenbildung, die mit den oben getroffenen Aussagen konform geht.

5.2.2 Faktor Klima

Eine Rekonstruierung der klimatischen Verhältnisse, die zu den hier untersuchten "Red Soils" geführt haben, fällt anhand der dargestellten Ergebnisse insofern nicht leicht, als die Böden relativ geringen Alters (s.o.) und autochthone Verwitterungsprodukte erst in sehr geringem Ausmaß vorhanden sind. Dennoch muß der Auffassung von MÜLLER (1976) widersprochen werden, der nach Untersuchungen an Rotlehmen auf paläozoischen Phylliten am Rande des Kathmandubeckens - welche zwar älter sind - zu der Ansicht kommt, daß "infolge der intensiven chemischen Verwitterung diese Böden in einer Zeit entstanden sein müssen, die sich klimatisch wesentlich von den heutigen Bedingungen unterscheidet". Dies kann sowohl von der Voraussetzung als auch von der Schlußfolgerung her nicht nachvollzogen werden. Einerseits belegen die von MÜLLER dargestellten Ergebnisse keine intensive chemische Verwitterung, da die Verwitterungsprodukte fast ausschließlich vom Ausgangsmaterial vererbt sind, andererseits wäre bei dem herrschenden Klima (s. Abb. 5, Seite 18: Klimadiagramm von Kathmandu) mit einem "udic" soil moisture regime und einem "thermic" soil temperature regime durchaus eine intensive chemische Verwitterung vorstellbar, entsprechenden Zeitraum für die Bodenentwicklung vorausgesetzt.

Die z.T. sehr intensive Rotfärbung (2,5-5 YR) der Böden des Dang- und Deokhuri-Tales deutet eher darauf hin, daß die Böden unter einem dem rezenten sehr ähnlichen Klima entstanden sind. Daß die **Rubefizierung** der Böden einen **rezenten** Prozeß darstellt (Roterdebildung im Sinne von KUBIENA 1962) und es sich dabei nicht um ein reliktisches Merkmal handelt, ist äußerst wahrscheinlich, kann jedoch nicht abschließend geklärt werden. CHANG & LEE (1958) berichten z.B. von "Red Soils" aus Südchina, die sich aufgrund von "Hydration des Hämatits" gelb färben (zit. nach MOHR, VAN BAREN & VAN SCHUYLENBORGH 1972:152), was nach SCHWERTMANN (1971) nicht als direkte Umwandlung von Hämatit zu Goethit verstanden werden kann. Der Neubildung von Goethit muß eine reduktionsbedingte Eisenfreisetzung der Hämatitkristalle vorausgehen. Dieser kurz skizzierte Vorgang würde jedoch die Ablagerung bereits rubefizierten Materials voraussetzen, was bei fluvialen Sedimenten ausgesprochen schwer vorstellbar ist.

SCHWERTMANN (1971) hält eine Hämatitbildung unter humiden Bedingungen noch für unsicher; hier ist aber möglicherweise ein Indiz dafür gegeben, denn auch das Profil Gidhniya weist trotz seiner bräunlichen Farbe (7,5 YR 5/7) eine Tendenz zur Hämatitbildung auf. SCHWERTMANN et al. (1982) stellen denn auch den Faktor "Temperatur" bei der Hämatitbildung in den Vordergrund, konnten selbige aber sogar bei einer mittleren Jahrestemperatur von 7°C nachweisen, wenn das Substrat ein wärmeres "Pedoklima" ermöglicht, so daß für die hier betrachteten Böden der Prozeß der Rubefizierung keine detaillierten Rückschlüsse auf den holozänen Klimaverlauf zuläßt. Möglicherweise finden unter dem derzeitigen Klima auch beide Eisenoxide gute Bildungsbedingungen, indem während der trockenen Jahreszeit vorwiegend Hämatit gebildet und während der feuchten Phase teilweise Hämatit gelöst wird, und das freigewordene Eisen als stabiler Goethit wieder auskristallisiert (zu letzterem Vorgang s. SCHWERTMANN 1971 u. BIGHAM et al. 1978). Demgegenüber sehen LANGMUIR (1971) und TROLARD & TARDY (1987) aufgrund thermodynamischer Berechnungen Hämatit als die stabilere Phase des Eisenoxids an und stellt besonders feinkörnigen Goethit (<1 µm) als Vorstufe der Hämatitbildung den amorphen Eisenoxidhydroxidverbindungen gleich. Als Quelle für das freigesetzte Eisen kommen neben den nur sehr spärlich vorgefundenen Biotiten vor allem die mikromorphologisch identifizierten Sedimentgesteinsreste in Betracht, deren mineralogische Zusammensetzung nicht näher bestimmt werden konnte, die jedoch in vielen Abstufungen von völliger Eisenverkrustung bis zu eisenfreien Gesteinsresten vorgefunden wurden.

Ein weiterer Hinweis auf humide Bildungsbedingungen der "Red Soils" ist die völlige Kalkfreiheit des Substrates, was selbst bei vorab entkalktem Bodensediment nicht selbstverständlich ist, da die angrenzenden und zum Wassereinzugsgebiet zählenden Siwalikhänge teilweise kalkhaltige Schichten aufweisen (s. WINTER 1991). Es ist demnach mehr als wahrscheinlich, daß in den fluvialen Ablagerungen ursprünglich auch Anteile an Kalk enthalten waren. Die Kalkfreiheit, die z.T. bis in mehrere Meter Tiefe nachgewiesen wurde, kann dementsprechend wohl auch auf eine Lösung von Kalk bereits während der Sedimentationsphase durch gelegentliche Überschwemmungen zurückgeführt werden. Hier zeigt aber auch das Fehlen sekundären Kalkes, daß zu der Zeit der Bodenwasserhaushalt nicht vorwiegend durch Evaporation gekennzeichnet war.

Während die **geringe Mineralumwandlung** in den untersuchten Bodenprofilen neben dem **Alter** der Böden (s.o.) auch gut durch das **Ausgangssubstrat** erklärt werden kann, stellt die **sehr geringe Tonverlagerung** einen überraschenden und schwer zu erklärenden Befund dar. Bei pH-Werten von ca. 5-7, einem Feintonanteil von 15-30% und einem hohlraumreichen Gefüge mit z.T. weiten Leitbahnen und breiten Rissen ist auch bei jungen Bodenbildungen eine ausgeprägtere Tonverlagerung zu erwarten, zumal das Gefüge keinen hohen Aggregierungsgrad aufweist. Einen möglichen Erklärungsansatz können die intensiven Regenphasen - und auch Starkregen - bieten, die den Ton möglicherweise nicht innerhalb des Bodens verlagern, sondern aus ihm heraus in das Ausgangssubstrat (s. Kap. 4.4.1).

Die angeführten Hinweise auf humide Klimaverhältnisse in dem untersuchten Raum stehen in Einklang mit der Literatur über das Paläoklima in dem in Betracht kommenden Zeitabschnitt (Holozän und möglicherweise Spätpleistozän). KUTZBACH (1981) gibt für die Zeit von 10.000-5.000 BP wesentlich stärkere Monsunregen an im Vergleich zu heute. Anhand eines Simulationsmodells für Erdbahnparameter ermittelte er eine im Durchschnitt um 7% stärkere globale Solarstrahlung, die im Bereich von 23-35°n.Br. in den

Monaten von Juni bis August zu einer Erhöhung des täglichen Niederschlags von 5 mm auf 7,5 mm führte. Legt man diese 1,5fache Niederschlagserhöhung bei der Berechnung der Bodenwasserbilanzen nach dem Newhall Simulations-Modell (VAN WAMBEKE 1985) zugrunde, ergibt sich für die Stationen in Südwest-Nepal ein "typic udic"soil moisture regime im Gegensatz zum heutigen "dry tempudic" (s. Abb. 6, Seite 20). Als Indiz für die Richtigkeit seiner Berechnungen gibt KUTZBACH die Wasserspiegelniveaus von Paläoseen an. Demgegenüber bescheinigt ZEUNER (1953) Seespiegelschwankungen nur eine schwache Aussagekraft bezüglich paläoklimatischer Veränderungen. Zu einer vergleichbaren Einschätzung wie KUTZBACH kommen FLOHN (1988) und SELBY (1988), die für 6.500-4.500 BP bzw. für etwa 11.000 BP humidere Verhältnisse erwähnen.

6. Zusammenfassung

Die Untersuchungen an ausgewählten "Red Soils" aus zwei intramontanen Becken des randtropischen SW-Nepals sollten einen Beitrag zur Genese insbesondere über Art und Ausmaß bodenbildender Prozesse leisten. Ausgangspunkt waren auch Funde prähistorischer Kulturen in diesen Böden bzw. im unmittelbar darunter befindlichen Ausgangsmaterial, die von ur- und frühgeschichtlicher Seite am ehesten ins ausgehende Paläolithikum, eventuell z.T. schon ins Mesolithikum gestellt wurden. Das ermöglichte eine Eingrenzung des bodenbildenden Faktors Zeit auf das Holozän bis jüngstes Pleistozän, ein für tropische "Red Soils" selten günstige Gelegenheit, zu Schlußfolgerungen über *zeitliche* Vorstellungen von Art und Ausmaß tropischer Verwitterung zu gelangen. Das ist für den Vergleich mit früher untersuchten, relikten "Red Soils" Südindiens besonders interessant.

Methodische Schwerpunkte der Arbeit bildeten neben den bodenchemischen Analysen und mikromorphologischen Studien vor allem mineralogische Untersuchungen der Sand- und Schlufffraktionen sowie die tonmineralogischen Untersuchungen der Grob- und Feintonfraktion der silicatischen Tonminerale sowie der Eisenoxide mit Hilfe der Röntgenanalyse (XRD und DXRD; letztere gestützt durch Mößbauer-spektroskopische Untersuchungen).

Als wesentliche Ergebnisse sind u.a. hervorzuheben, daß das gelbliche, schluffreiche Ausgangsmaterial der Böden als fluvial umgelagertes (z.T. äolisches?), stark vorverwittertes Bodensediment anzusprechen ist: sein Primärmineralbestand enthält mit ca. 5 % Feldspäten und 10-15 % Phyllosilicaten, die aber weit überwiegend den Muscoviten zuzuordnen sind, insgesamt nur wenige, leicht verwitterbare Minerale. Aufgrund der nicht ausreichenden Homogenität der Sedimente wurden keine Verwitterungsbilanzen erstellt, sondern Tendenzen der pedogenen Mineralverwitterung herausgearbeitet. Danach ergab sich, daß eine Tonmineralbildung nur in überraschend geringem Ausmaß stattgefunden hat. Die Illite sind überwiegend detritischen Ursprungs und, wie auch die Kaolinite, *vererbt*. Die im Feinton zu geringen Anteilen auftretende nicht regelhafte Wechsellagerung wurde als mögliches Initialstadium der silicatischen Verwitterung gedeutet. Die in einigen Profilen deutliche Tonzunahme im Unterboden konnte als sedimentäre Inhomogenität identifiziert werden; verlagerter Ton wurde in der Regel erst beim Übergang vom Boden zum Ausgangsmaterial gefunden, wofür vor allem der sommerliche Wasserüberschuß durch die Monsunregen verantwortlich ist. Im Gegensatz zu den größtenteils vererbten silicatischen Verwitterungsprodukten konnten die Hämatite als *pedogene* Bildung und damit die *Rubefizierung* als autochthoner, *rezenter* Prozess nachgewiesen werden.

Trotz der starken Vorverwitterung des Ausgangsmaterials (s.o.) ergaben die Untersuchungen als besonders wichtiges Ergebnis, daß das Leistungsvermögen der tropischen Verwitterung besonders in der geomorphologischen Literatur sehr oft bei weitem überschätzt wurde, andererseits die Rubefizierung von Böden keineswegs allgemein auf stärkere pedogene Verwitterung hindeutet.

7. Literatur

ALLEN, B. L. & HAJEK, B. F. 1989. Mineral occurence in soil environments. In: Dixon, J. B. & Weed, S. B. (Eds.): Minerals in soil environments, Madison, Wisc.:Soil Sci. Soc. Am. 199-278.

AMARASIRIWARDENA, D. D., BOWEN, L. H. & WEED, S. B. 1988. Characterization and quantification of aluminium substituted hematite-goethite mixtures by X-ray diffraction, infrared and Mössbauer spectroscopy. Soil Sci. Soc. Am. J. 52,1179-1186.

ARBEITSGRUPPE BODENKUNDE DER GEOLOGISCHEN LANDESÄMTER UND DER BUNDESANSTALT FÜR GEOWISSENSCHAFTEN UND ROHSTOFFE IN DER BUNDESREPUBLIK DEUTSCHLAND 1982. Bodenkundliche Kartieranleitung (3. Aufl.). Hannover.

ARDUINO, E., BARBERIS, E., AJMONE MARSAN, F., ZANINI, E. & FRANCHINI, M. 1986. Iron oxides and clay minerals within profiles as indicators of soil age in Northern Italy. Geoderma, 37,45-55.

ARNAUD, S. R. F. & WHITESIDE, E. P. 1963. Physical breakdown in relation to soil development. J. Soil Sci. 14,267-281.

BACKER, S. 1989. Zur Genese holozäner und jungpleistozäner Böden aus quartären Lockersedimenten in Gujarat (Indien) und Südnepal. - Ein Beitrag zur Verwitterungsintensität in den semiariden Tropen. Kiel. (unveröff. Diplomarbeit)

BERNER, R. A. 1969. Goethite stability and the origin of red beds. Geochim. Cosmochim. Acta, 33,267-273.

BHATT, D. D. 1981. Nepal Himalayas and change. In: Lall, J. S. & Moodie, A. D. (Eds.): The Himalaya - aspects of change, Neu Delhi:Oxford University Press, 253-277.

BIGHAM, J. M., GOLDEN, D. C., BOWEN, L. H., BUOL, S. W. & WEED, S. B. 1978. Mossbauer and X-ray evidence for the pedogenic transformation of hematite to goethite. Soil Sci. Soc. Am. J. 42,979-981.

BLATT, H. & CHRISTIE, J. M. 1963. Undulatory extinction in quartz of igneous and metamorphic rocks and its significance in provinence studies of sedimentary rocks. J. Sed. Petr. 33,559- 579.

BLÜTHGEN, J. & WEISCHET, W. 1980. Allgemeine Klimageographie (3. Aufl.). Berlin, New York:de Gruyter, 887 S.

BLUME, H.-P.; BRÜMMER, G.; KALK, E.; LAMP, J.; LICHTFUSS, R.; SCHIMMING, C.-G.; ZINGK, M. 1984. Bodenkundliches Laborpraktikum. Kiel:Selbstverlag des Inst. Bodenk. u. Pflanzenern, 36 S.

BOERO, V. & SCHWERTMANN, U. 1987. Occurence and transformations of iron and manganese in a colluvial terra rossa toposequence of northern Italy. Catena, 14,519-531.

BREMER, H. 1971. Flußerosion, Stufen- und Flächenbildung in den feuchten Tropen. Würzburger Geogr. Arb. 35,194 S.

BREMER, H. 1975. Intramontane Ebenen, Prozesse der Flächenbildung. Z. Geomorph. Suppl.-Bd. 23,26-48.

BREMER, H. 1985. Randschwellen: a link between plate tectonics and climatic geomorphology. Z. Geomorph. Suppl.-Bd. 54,11-21.

BREMER, H. 1989. Allgemeine Geomorphologie. Berlin, Stuttgart:Gebrüder Borntraeger, 450 S.

BREWER, R. 1964. Mineral and fabric analysis of soils. London: John Wiley and Sons Ltd, 470 S.

BREWER, R. & SLEEMAN, J. R. 1960. Soil structure and fabric: their definition and description. J. Soil Sci. 11,172-185.

BRINDLEY, G. B. 1980. Order-disorder in clay mineral structures. In: Brindley, G. B. & Brown, G. (Eds.): Crystal structures of clay minerals and their X-ray identification, London:Mineralogical Society (Monograph No. 5), 125-195.

BRONGER, A. 1976. Zur quartären Klima- und Landschaftsgeschichte des Karpatenbeckens auf paläopedologischer Grundlage. Kieler Geogr. Schriften, 45,268 S.

BRONGER, A. 1978. Climatic sequences of steppe soils from Eastern Europe and the USA with emphasis on the genesis of the "argillic horizon". Catena, 5,33-51.

BRONGER, A. 1985. Bodengeographische Überlegungen zum "Mechanismus der doppelten Einebnung" in Rumpfflächengebieten Südindiens. Z. Geomorph. N. F. Suppl.-Bd. 56,39-53.

BRONGER, A. 1991. Argillic horizons in modern loess soils in an ustic soil moisture regime: comparative studies in forest- steppe and steppe-areas from Eastern Europe and the United States. Advances in Soil Science, 15,41-90.

BRONGER, A. & BRUHN, N. 1989. Relict and Recent Features in Tropical Alfisols from South India. In: Bronger, A. & Catt, J. (Eds.): Paleopedology: Nature and Application of Paleosols Catena, Suppl.-Bd. 16,107-128.

BRONGER, A. & CATT, J. A. 1989. Paleosols: Problems of Definition, Recognition and Interpretation. In: Bronger, A. & Catt, J. A. (Eds.): Paleopedology: Nature and Application of Paleosols, Catena, Suppl.-Bd. 16,1-7.

BRONGER, A., ENSLING, J. & KALK, E. 1984. Mineralverwitterung, Tonmineralbildung und Rubefizierung in Terrae Calcis der Slowakei. Ein Beitrag zum paläoklimatologischen Aussagewert von Kalkstein-Rotlehmen in Mitteleuropa. Catena, 11,115-132.

BRONGER, A. & HEINKELE, T. 1990. Mineralogical and clay mineralogical aspects of loess research. Quat. Int. 7/8,37-51.

BRONGER, A., KALK, E. & SCHRÖDER, D. 1976. Über Glimmer- und Feldspatverwitterung sowie Entstehung und Umwandlung von Tonmineralen in rezenten und fossilen Lößböden. Geoderma, 16,21- 54.

BROWN, G. & BRINDLEY, G. W. 1980. X-ray diffraction procedures for clay mineral identification. In: Brindley, G. B. & Brown, G. (Eds.): Crystal structures of clay minerals and their x-ray identification, London:Mineralogical Society (Monograph No. 5), 305-359.

BRUHN, N. 1990. Substratgenese - Rumpfflächendynamik. Bodenbildung und Tiefenverwitterung in saprolitisch zersetzten granitischen Gneisen aus Südindien. Kieler Geogr. Schriften, 74,179 S.

BRUNSDEN, D., JONES, D. K. C., MARTIN, R. P. & DOORNKAMP, J. C. 1981. The geomorphological character of part of the Low Himalaya of Eastern Nepal. Z. Geomorph. N.F. Suppl.-Bd. 37,25- 72.

BRYANT, R. B., CORI, N., ROTH, C. B. & FRANZMEIER, D. B. 1983. Use of an internal standard with differential X-ray diffraction analysis for iron oxides. Soil Sci. Soc. Am. J. 47,168-173.

BÜDEL, J. 1965. Die Relieftypen der Flächenspülzone Süd-Indiens am Ostabfall des Dekans gegen Madras. Colloquium Geographicum, 8,100 S.

BÜDEL, J. 1986. Tropische Relieftypen Süd-Indiens. In: Busche, D. (Hg.): Relief - Boden - Paläoklima (Bd. 4), Berlin- Stuttgart:Bornträger, 1-84.

BULLOCK, P., FEDOROFF, N., JONGERIUS, A., STOOPS, G., TURSINA, T. & BABEL, U. 1985. Handbook for soil thin section description. Wolverhampton:Waine Research Publication, 152 S.

BURMAN, B. K. R. 1981. Population and society in Himalaya. In: Lall, J. S. & Moodie, A. D. (Eds.): The Himalaya - aspects of change, Neu Delhi:Oxford University Press, 403-433.

CAROLL, D. 1970. Clay minerals: a guide to their x-ray identification. Boulder Co. (The Geol. Soc. Am. Special Paper 126).

CHAPMAN, H. D. 1965. Cation exchange capacity. In: Black, C. A.; et al.: Methods of soil analysis (Agronomy 9), Madison, Wisc.:Am. Soc. of Agron. 891-901.

CHAUDHRI, R. S. 1975. Sedimentology and genesis of caenozoic sediments of northwestern Himalayas (India). Geol. Rundschau, 64,958-977.

CHITTLEBOROUGH, D. J. 1982. Effect of the method of dispersion on the yield of clay and fine clay. Austr. J. Soil Res. 20,339- 346.

CORRENS, C. W. & V. ENGELHARDT, W. 1941. Röntgenographische Untersuchungen über den Mineralbestand sedimentärer Eisenerze. Nachr. Akad. Wiss. Göttingen, Math. Phys. Klasse,131-137.

CORVINUS, G. 1985. Prehistoric discoveries in the foothills of the Himalayas in Nepal. Ancient Nepal, 86-88,7-12.

CORVINUS, G. 1985. Report on the work in quaternary and prehistoric studies in Nepal. Ancient Nepal, 86-88,1-7.

CORVINUS, G. 1985. First prehistoric remains in the Siwalik Hills of Western Nepal. Quartär, 35/36,165-182.

CORVINUS, G. 1987. Quartäruntersuchungen in Nepal. Tätigkeitsbericht des Jahres 1986/87 an die DFG, 65 S.

CORVINUS, G. 1987. Patu, a new stone age site of a jungle habitat in Nepal. Quartär, 37/38,135-187.

CORVINUS, G. 1988. The mio- plio- pleistocene litho- and biostratigraphy of the Surai Khola Siwaliks in West-Nepal: first results. C. R. Acad. Sci. Paris, t 306, Serie II,1471- 1477.

DIXON, J. B. 1989. Kaolin and serpentine group minerals. In: Dixon, J. B. & Weed, S. B. (Eds.): Minerals in soil environments, Madison, Wisc.:Soil Sci. Soc. Am. 467-526.

DONNER, W. 1972. Nepal - Raum, Mensch und Wirtschaft. Schriften des Instituts für Asienkunde in Hamburg, Bd. 32, 506 S.

DREES, L. R., WILDING, L. P., SMECK, N. E. & SENKAYI, A. L. 1989. Silica in soils: quartz and disordered silica polymorphs. In: Dixon, J. B. & Weed, S. B. (Eds.): Minerals in soil environments, Madison, Wisc.:Soil Sci. Soc. Am. 913-974.

ESWARAN, H.; YEOW YEWHENG 1976. The weathering of biotite in a profile of gneiss in Malaysia. Geoderma, 16,9-20.

FANNING, D. S., KERAMIDAS, V. Z. & EL-DESOKY, M. A. 1989. Micas. In: Dixon, J. B. & Weed, S. B. (Eds.): Minerals in soil environments, Madison, Wisc.:Soil Sci. Soc. Am. 551-634.

FAO (Ed.) 1974. Soil map of the world (Vol. I: Legend). Paris:UNESCO. (59 S.)

FARMER, V. C., RUSSELL, J. D., MCHARDY, W. J., NEWMAN, A. C. D., AHLRICHS, J. L. & RIMSAITE, J. Y. H. 1971. Evidence for loss of protons and octahedral iron from oxidised biotites and vermiculites. Min. Mag. 38,121-137.

FLOHN, H. 1957. Zur Frage der Einteilung der Klimazonen. Erdkunde, 11,161-175.

FLOHN, H. 1971. Tropical circulation patterns. Bonner Meteor. Abh. 15,55 S.

FLOHN, H. 1988. Das Problem der Klimaänderungen in Vergangenheit und Zukunft. Darmstadt:Wiss. Buchgesellschaft, 228 S.

FLOHN, H., HANTEL, M. & RUPRECHT, E. 1970. Investigations on the Indian Monsoon Climate. Bonner Meteor. Abh. 14,100 S.

FOLLETT, E. A. C. 1965. The retention of amorphous colloidal `ferric hydroxide` by kaolinites. J. Soil Sci. 16,334-341.

FRANZ, H. 1976. Beitrag zur Kenntnis der Bodenlandschaften Nepals. Sitzungsber. d. Österr. Akad. d. Wiss., Math.- Nat. Kl. Abt.1, 185.Bd.(1-4),23-29.

FRANZ, H. & KRAL, F. 1975. Pollenanalyse und Radiokarbondatierung einiger Proben aus dem Kathmandubecken und aus dem Raum von Jumla in Westnepal. Sitzungsber. d. Österr. Akad. d. Wiss., Math.-Nat. Kl. Abt.1, 184.Bd.(1-5),9-17.

FRANZ, H. & MÜLLER, H. 1978. Untersuchungen an roten Böden und quartären Terrassen in Zentralnepal. Sitzungsber. d. Österr. Akad. d. Wiss., Math.-Nat. Kl. Abt.1, 187.Bd.(6- 10),181-221.

GAMBLE, E. E. & DANIELS, R. B. 1972. Iron and silica in water, acid ammonium oxalate and dithionite extracts of some North Carolina coastal plain soils. Soil Sci. Soc. Am. Proc. 36,939- 943.

GANSSER, A. 1964. Geology of the Himalaya. London:Interscience Publisher.

GANSSER, A. 1986. The morphogenic phases of mountain building. In: Hsü, K. J. (Eds.): Mountain building processes, London:Acad. Press, 221-228.

GEBHARDT, H., MEYER, B. & SCHEFFER, F. 1967. Mineralogische Schnelluntersuchung der Grobton-, Schluff- und Feinsandfraktionen von Böden mit dem Phasenkontrastmikroskop. Zeiss-Mitteilungen, 4,309-322.

GHABRU, S. K. & GOSH, S. K. 1985. Soil mineralogy and clay mineral genesis in Alfisols from Dhauladhar Range of Middle Siwaliks. J. Indian Soc. Soil Sci. 33,98-109.

GHILDYAL, B. P. 1981. Soils of the Garhwal and Kumaun Himalaya. In: Lall, J. S. & Moodie, A. D. (Eds.): The Himalaya - aspects of change, Neu Delhi:Oxford University Press, 120-137.

GIBBS, R. J. 1965. Error due to segregation in quantitative clay mineral X-ray diffraction mounting techniques. Am. Min. 50,741- 751.

GREENE-KELLY, R. 1955. Dehydration of the montmorillonite minerals. Min. Mag. 30,604-615.

HAFFNER, W. 1979. Nepal Himalaya - Untersuchungen zum vertikalen Landschaftsaufbau Zentral- und Ostnepals. Wiesbaden:Franz Steiner.

HAGEN, T. 1959. Über den geologischen Bau des Nepal-Himalaya - mit besonderer Berücksichtigung der Siwalik-Zone und der Talbildung. Jb. der St.-Gallischen Naturw. Ges. 76,3-48.

HAGEN, T. 1980. Nepal - Königreich am Himalaya (3. Aufl.). Bern:Kümmerly & Frey.

HARLAND, W. B., COX, A. V., LEWELLYN, P. G., PICKTON, C. A. G., SMITH, A. G. & WALTERS, R. 1982. A geologic time scale. Cambridge:University Press.

HARTGE, K. H. & HORN, R. 1989. Die physikalische Untersuchung von Böden. Stuttgart:Enke, 175 S.

HEINKELE, T. 1990. Bodengeographische und paläopedologische Untersuchungen im zentralen Lößplateau von China - ein Beitrag zur quartären Klima- und Landschaftsgeschichte. Schriftenreihe des Inst. f. Pflanzenernährung u. Bodenkunde d. Univ. Kiel, 9,120 S.

HETTNER, A. 1930. Die Klimate der Erde. Geogr. Schriften, H. 5,115 S.

HJULSTRÖM, F. 1935. Studies on the morphological activity of rivers. Bull. Geol. Inst. of Uppsala, 25,221-527.

HOLLIDAY, V. T. 1989. Paleopedology in Archeology. In: Bronger, A. & Catt, J. (Eds.): Paleopedology: Nature and Application of Paleosols, Catena, Suppl.-Bd. 16,187-206.

HORMANN, K. 1974. Die Terrassen an der Seti Khola - Ein Beitrag zur quartären Morphogenese in Zentralnepal. Erdkunde, 28,161- 176.

HORMANN, K. 1986. Berechnete Niederschlagskarten der Himalaya- Länder. Gött. Geogr. Abh. 81,167-183.

HOWELL, D. G. 1986. Terrane. Spektrum der Wissenschaft, 1/86,64- 74.

IWATA, S. 1987. Mode and rate of uplift of the central Nepal Himalaya. Z. Geomorph. Suppl.-Bd. 63,37-49.

JOHNS, W. D., GRIM, R. E. & BRADLEY, W. F. 1954. Quantitative estimations of clay minerals by diffraction methods. J. Sed. Petr. 24,242-251.

KÄMPF, N. & SCHWERTMANN, U. 1982. The 5-M-NaOH concentration treatment for iron oxides in soils. Clays Clay Min. 30,401-408.

KASSENS, H. & WETZEL, A. 1989. Das Alter des Himalaya. Die Geowissenschaften, 7, 1,15-20.

KAWOSA, M. A. 1985. Der Einsatz von Satellitenbildern für die Kartierung vegetationsorientierter Landnutzung und der Dynamik von Waldsystemen in den Ländern am Himalaya. Emden:Veröffentlichungen der Naturforschenden Gesellschaft zu Emden von 1814, 138 S.

KÖPPEN, W. 1931. Grundriß der Klimakunde (2. Aufl. v. "Die Klimate der Erde" 1923). Berlin, Leipzig:de Gruyter, 388 S.

KRAL, F. & HAVINGA, A. J. 1979. Pollenanalyse und Radiokarbondatierung an Proben der oberen Sedimentserie des Kathmandu-Sees und ihre vegetationsgeschichtliche Interpretation. Sitzungsber. d. Österr. Akad. d. Wiss., Math.- Nat. Kl. Abt.1, 188.Bd.,45-61.

KRETZSCHMAR, R. 1984. Kulturtechnisch-bodenkundliches Praktikum. Ausgewählte Laboratoriumsmethoden - eine Anleitung zum selbständigen Arbeiten an Böden. Kiel:Selbstverlag des Instituts für Wasserwirtschaft und Meliorationswesen, 466 S.

KUBIENA, W. L. 1956. Zur Mikromorphologie, Systematik und Entwicklung der rezenten und fossilen Lößböden. Eiszeitalter und Gegenwart, 7,102-112.

KUBIENA, W. L. 1962. Die taxonomische Bedeutung der Art und Ausbildung von Eisenoxidhydratmineralien in Tropenböden. Z. Pflanzenern., Düng. Bodenk. 98,205-213.

KUNDLER, P. 1959. Zur Methodik der Bilanzierung der Ergebnisse von Bodenbildungsprozessen, dargestellt am Beispiel eines Texturprofils auf Geschiebemergel in Norddeutschland. Z. Pflanzenern. Düng. Bodenk. 86,215-222.

KUPFER, E. 1954. Entwurf einer Klimakarte auf genetischer Grundlage. Z. f. d. Erdk.-Unterr. 6,5-13.

KUSSMAUL, H. & NIEDERBUDDE, E. A. 1979. Bilanzierung der Tonbildung und -verlagerung sowie der Tonmineralumwandlung. Z. Pflanzenern. Düng. Bodenk. 142,586-600.

KUTZBACH, J. E. 1981. Monsoon climate of the Early Holocene: Climate experiment with the Earth's orbital parameters for 9000 years ago. Science, 214,59-61.

LANDSBERG, H. E. & JAKOBS, W. C. 1951. Applied climatology. In: Malone, T. F. (Eds.): Compendium of Meteorology, Boston/Mass. 976-992.

LANGMUIR, D. 1971. Particle size effect on the reaction, goethite=hematite+water. Am. J. Soil Sci. 271,147-156.

LAVES, D. & JÄHN, G. 1972. Zur quantitativen röntgenographischen Bodenton-Mineralanalyse. Arch. Acker- und Pflanzenbau und Bodenkunde, 16,735-739.

LE FORT, P. 1975. Himalayas: The collided range. Present knowledge of the continental arc. Am. J. Sci. 275a,1-44.

LEOPOLD, L. B., WOLMAN, M. G. & MILLER, J. P. 1964. Fluvial processes in geomorphology. San Francisco, London:Freeman and Co., 522 S.

LYON-CAEN, H. & MOLNAR, P. 1985. Gravity anomalies, flexure of the Indian plate, and the structure, support and evolution of the Himalaya and Ganga basin. Tectonics, 4,513-538.

MACURA, P. 1979. Elsevier's dictionary of botany. - I. Plant names. Amsterdam, Oxford, New York:Elsevier, 580 S.

MANI, A. 1981. The climate of the Himalaya. In: Lall, J. S. & Moodie, A. D. (Eds.): The Himalaya - aspects of change, Neu Delhi:Oxford University Press, 3-15.

MATTHES, S. 1990. Mineralogie: eine Einführung in die spezielle Mineralogie, Petrologie und Lagerstättenkunde (3. Aufl.). Berlin, Heidelberg, New York, London, Paris, Tokio:Springer, 448 S.

McKEAGUE, J. A., GUERTIN, R. K., VALENTINE, K. W. G., BELISLE, J., BOURBEAU, G. A., HOWELL, A., MICHALYNA, W., HOPKINS, L., PAGE, F. & BRESSON, L. M. 1980. Estimating illuvial clay in soils by micromorphology. Soil Sci. 129,386-388.

MEHRA, O. P. & JACKSON, M. L. 1960. Iron oxide removal from soils and clays by a dithionite-citrate system buffered with sodium bicarbonate. Clays Clay Min. 5,317-327.

MEYER, B., KALK, E. & FÖLSTER, H. 1962. Parabraunerden aus primär carbonathaltigem Würmlöß in Niedersachsen. I. Profilbilanz der ersten Folge bodengenetischer Teilprozesse: Entkalkung, Verbraunung, Mineralverwitterung. Z. Pflanzenern. Düng. Bodenk. 99,37-54.

MIEHE, G. 1982. Vegetationsgeographische Untersuchungen im Dhaulagiri- und Annapurna-Himalaya (Dissertationes Botanicae, Bd. 66, 1 und 2). Hirschberg:Strauss & Cramer, 224 S.

MIEHLICH, G. 1976. Homogenität, Inhomogenität und Gleichheit von Bodenkörpern. Z. Pflanzenern. Bodenk. 5,597-609.

MILFRED, C. J., HOLE, F. D. & TORRIE, J. H. 1967. Sampling for pedographic modal analysis of an argillic horizon. Soil Sci. Soc. Am. Proc. 31,244-247.

MINISTRY OF WATER RESOURCES. DEPARTMENT OF IRRIGATION, H. a. M. 1977. Climatological records of Nepal 1971-1975. Kathmandu.

MINISTRY OF WATER RESOURCES. DEPARTMENT OF IRRIGATION, H. a. M. 1982. Climatological records of Nepal 1976-1980. Kathmandu.

MINISTRY OF WATER RESOURCES. DEPARTMENT OF IRRIGATION, H. a. M. 1984. Climatological records of Nepal 1981-1982. Kathmandu.

MINISTRY OF WATER RESOURCES. DEPARTMENT OF IRRIGATION, H. a. M. 1986. Climatological records of Nepal 1983-1984. Kathmandu.

MINISTRY OF WATER RESOURCES. DEPARTMENT OF IRRIGATION, H. a. M. 1988. Climatological records of Nepal 1985-1986. Kathmandu.

MOHR, E. C. J., VAN BAREN, F. A. & VAN SCHUYLENBORGH, J. 1972. Tropical soils - a comprehensive study of their genesis. The Hague-Paris-Djakarta:Mouton-Ichtiar Baru-van Hoeve, 481 S.

MOLNAR, P. 1986. The geologic history and structure of the Himalaya. Am. Scientist, 74,144-154.

MOLNAR, P. & TAPPONIER, P. 1975. Cenozoic tectonics of Asia:effects of a continental collision. Science, 189,419-426.

MOLNAR, P. & TAPPONIER, P. 1977. The collision between India and Eurasia. Scientific Am. 236,4,30-41.

MOODIE, A. D. 1981. Himalayan environment. In: Lall, J. S. & Moodie, A. D. (Eds.): The Himalaya - aspects of change, Neu Delhi:Oxford University Press, 341-350.

MORISAWA, M. 1985. Rivers. London, New York:Longman, 222 S.

MÜLLER, H. 1976. Mineralogische und chemische Untersuchungen von lateritischen Rotlehmen aus Nepal. Sitzungsber. d. Österr. Akad. d. Wiss., Math.-Nat. Kl. Abt.1, 185.Bd.(1-4),43- 53.

MUNSELL COLOR COMPANY 1975. Munsell soil color charts. Baltimore:Munsell Color.

MURTHY, R. S., HIREKERUR, L. R., DESHPANDE, S. B. & VENKATA RAO, B. V. (Eds.) 1982. Benchmark soils of India. - Morphology, characteristics and classification for resource management. Nagpur:Nat. Bureau of Soil Survey and Land Use Planing (ICAR), 374 S.

NADEAU, P. H., TAIT, J. M., MCHARDY, W. J. & WILSON, M. J. 1984. Interstratified XRD characteristics of physical mixtures of elementary clay particles. Clay Miner. 19,67-76.

NADEAU, P. H., WILSON, M. J., MCHARDY, W. J. & TAIT, J. M. 1984. Interstratified clays as fundamental particles. Science, 225,923-925.

NETTLETON, W. D., FLACH, K. W. & BRASHER, B. R. 1969. Argillic horizons without clay skins. Soil Sci. Soc. Am. Proc. 33,121- 125.

NICOLAS, A., GIRARDEAU, J., MARCOUX, J., DUPRE, B., XIBIN, W., YOUGONG, C., HAIXIANG, Z. & XUCHANG, X. 1981. The Xigaze ophiolite (Tibet): a peculiar oceanic lithosphere. Nature, 294,414-417.

NIEDERBUDDE, E. A. 1976. Umwandlungen von Dreischichtsilikaten unter K-Abgabe und K-Aufnahme. Z. Pflanzenern. Düng. Bodenk. 139,57-71.

NORRISH, K. & TAYLOR, R. M. 1961. The isomorphous replacement of iron by aluminium in soil goethites. J. Soil Sci. 12,294-306.

NUR, A. & BEN-AVRAHAM, Z. 1986. Displaced terranes and mountain building. In: Hsü, K. J. (Eds.): Mountain building processes, London:Acad. Press, 73-84.

OMUETI, J. A. I. & LAVKULICH, L. M. 1988. Identification of clay minerals in soils: The effect of sodium-pyrophosphate. Soil Sci. Soc. Am. J. 52,285-287.

PETTS, G. E. & FOSTER, I. D. L. 1985. Rivers and landscape. London:Edward Arnold, 274 S.

PURI, G. S., GUPTA, R. K., MEHER-HOMJI, V. M. & PURI, S. 1989. Forest ecology (Vol. II: Plant form, diversity, communities and succession). New Delhi:Oxford & IBH Publ. Co.

PURI, G. S., MEHER-HOMJI, V. M., GUPTA, R. K. & PURI, S. 1990. Forest ecology (Vol. I: Phytogeography and forest conservation). New Delhi:Oxford & IBH Publ. Co.

RAITH, M., RAASE, P., ACKERMAND, D. & LAL, R. K. 1982. The Archean craton of Southern India: metamorphic evolution and P- T conditions. Geol. Rundschau, 71,280-290.

REYNOLDS, R. C. 1980. Interstratified clay minerals. In: Brindley, G. B. & Brown, G. (Eds.): Crystal structures of clay minerals and their x-ray identification, London:Mineralogical Society (Monograph No. 5), 249-304.

RIEGER, H. C. 1981. Man versus mountain: The destruction of the Himalayan ecosystem. In: Lall, J. S. & Moodie, A. D. (Eds.): The Himalaya - aspects of change, Neu Delhi:Oxford University Press, 351-376.

RÖSLER, W. 1990. Magnetostratigraphie von mio-/plio-/ pleistozänen Sedimenten des Surai Khola Profils (Siwaliks/ Südwest-Nepal). München. (unveröff. Diplomarbeit)

ROHDENBURG, H. 1983. Beiträge zur allgemeinen Geomorphologie der Tropen und Subtropen.-Geomorphodynamik und Vegetation, klimazyklische Sedimentation, Panplain/Pediment - Terrassen - Treppen. Catena, 10,393-438.

ROHDENBURG, H. 1989. Landschaftsökologie - Geomorphologie. Braunschweig:Catena Verlag, 220 S.

SANTOS, M. C. D., ARNAUD, R. J. S. & ANDERSON, D. W. 1986. Iron redistribution in three Boralfs (Gray Luvisols) of Saskatchewan. Soil Sci. Soc. Am. J. 50,1272-1277.

SAWHNEY, B. L. 1989. Interstratification in layer silicates. In: Dixon, J. B. & Weed, S. B. (Eds.): Minerals in soil environments, Madison, Wisc.:Soil Sci. Soc. Am. 789-828.

SAWHNEY, B. L. & REYNOLDS, R. C. 1985. Interstratified clays as fundamental particles: a discussion. Clays Clay Min. 33,559.

SCHEFFER, F. & SCHACHTSCHABEL, P. 1989. Lehrbuch der Bodenkunde. Stuttgart:Enke Verlag, (12. Aufl.), 491 S.

SCHLICHTING, E. & BLUME, H.-P. 1961. Art und Ausmaß der Veränderungen des Tonmineralbestandes typischer Böden aus jungpleistozänem Geschiebemergel und ihrer Horizonte. Z. Pflanzenern. Düng. Bodenk. 95,227-239.

SCHLICHTING, E. & BLUME, H. P. 1966. Bodenkundliches Praktikum. Hamburg/Berlin:Parey.

SCHUBERT, R. & WAGNER, G. 1988. Pflanzennamen und botanische Fachwörter. Leipzig:Neumann Verlag, 582 S.

SCHULZE, D. G. 1981. Identification of soil iron oxide minerals by differential X-ray diffraction. Soil Sci. Soc. Am. J. 45,437- 440.

SCHULZE, D. G. 1986. Correction of mismatches in 2Θ scales during differential x-ray diffraction. Clays Clay Min. 34 (6),681-685.

SCHWARZBACH, M. 1988. Das Klima der Vorzeit - Eine Einführung in die Paläoklimatologie. Stuttgart:Enke, 380 S.

SCHWEINFURTH, U. 1957. Die horizontale und vertikale Verbreitung der Vegetation im Himalaya. Bonner Geographische Abhandlungen, 20, 372 S.

SCHWERTMANN, U. 1964. Differenzierung der Eisenoxide des Bodens durch photochemische Extraktion mit saurer Ammoniumoxalat- Lösung. Z. Pflanzenern., Düng., Bodenkd. 105,194-202.

SCHWERTMANN, U. 1971. Transformation of hematite to goethite in soils. Nature, 232,624-625.

SCHWERTMANN, U. 1985. The effect of pedogenic environments on iron oxide minerals. Adv. Soil Sci. 1,171-200.

SCHWERTMANN, U., MURAD, E. & SCHULZE, D. G. 1982. Is there Holocene reddening (hematite formation) in soils of axeric temperature areas? Geoderma, 27,209-223.

SCHWERTMANN, U. & TAYLOR, R. M. 1989. Iron oxides. In: Dixon, J. B. & Weed, S. B. (Eds.): Minerals in soil environments, Madison, Wisc.:Soil Sci. Soc. Am. 379-438.

SELBY, M. J. 1988. Landforms and denudation of the High Himalaya of Nepal: results of a continental collision. Z. Geomorph. N.F. Suppl.-Bd. 69,133-152.

SHRESHTHA, S. H. 1968. Modern geography of Nepal. Kathmandu:Educational Enterprise, 164 S.

SHROCK, R. P. 1948. Sequence in layered rocks. New York:Mc Graw Hill.

SIDHU, P. S. & GILKES, R. J. 1977. Mineralogy of soils developed on alluvium in the Indo-Gangetic Plain (India). Soil Sci. Soc. Am. J. 41,1194-1201.

SIDHU, P. S., SEHGAL, J. L., SINHA, M. K. & RANDHAWA, N. S. 1977. Composition and mineralogy of iron-manganese concretions from some soils of the Indo-Gangetic plain in N. W. India. Geoderma, 18,241-249.

SMITH, A. G., HURLEY, A. M. & BRIDEN, J. C. 1981. Phanerozoic paleocontinental world maps. Cambridge:Univ. Press.

SMITH, G. D. 1986. The Guy Smith interviews: rationale for concepts in Soil Taxonomy. Washington:SMSS Techn. Monogr. No. 11, 259 S.

SOIL SURVEY STAFF 1975. Soil taxonomy. A basic system of soil classification for making and interpreting soil surveys (Agriculture Handbook No. 436). Washington D. C.:Gov. Printing Office (U. S. D. A. Soil Conservation Service), 754 S.

SOIL SURVEY STAFF 1990. Keys to Soil Taxonomy (4. Aufl.). SMSS technical monograph no. 6, Blacksburg, Virginia, 422 S.

STOOPS, G. (Ed.) 1986. Multilingual translation of the terminology used in the "Handbook for thin section description". Pedologie, 36,337-348.

THAKUR, V. C. 1981. Regional framework and geodynamic evolution of the Indus-Tsangpo suture zone in the Ladakh Himalayas. Trans. Royal Soc. Edinburgh, Earth Sci. 72,89-97.

THOMAS, G. W. 1982. Exchangeable cations (Part II, chemical and microbiological properties). In: Page, A. L. (Eds.): Methods of soil analysis (Part II, chemical and microbiological properties), Madison/Wisc.:Am. Soc. Agron. 159-165.

THORNTHWAITE, C. W. 1948. An approach toward a rational classification of climate. Geogr. Review, 38,55-94.

TOPOGRAPHICAL SURVEY BRANCH 1982. Geological map (62H-D, 62L-C, 62L-D, 63I-A, 63I-B). Scale 1:125.000. Kathmandu.

TORRENT, J., SCHWERTMANN, U., FECHTER, H. & ALFEREZ, F. 1983. Quantitative relationships between soil color and hematite content. Soil Sci. 136 (6),354-358.

TORRENT, J., SCHWERTMANN, U. & SCHULZE, D. G. 1980. Iron oxide mineralogy of some soils of two river terrace sequences in Spain. Geoderma, 23,191-208.

TROLARD, F. & TARDY, Y. 1987. The stabilities of gibbsite, boehmite, aluminous goethites and aluminous hematites in bauxites, ferricretes and laterites as a function of water activity, temperature and particle size. Geochim. Cosmochim. Acta, 51,945-957.

TROLL, C. & PAFFEN, K. H. 1964. Karten der Jahreszeitenklimate der Erde. Erdkunde,5-28.

VAN WAMBEKE, A. 1985. Calculated soil moisture and temperature regimes of Asia (Soil Management Support Services (SMSS) Tech. Monograph No. 9). Ithaca N. Y.

VAN WIJK, H. L. G. 1911. A dictionary of plant names. The Hague:Dutch Society of Sciences, 1444 S.

WADIA, D. N. 1985. Geology of India. New Delhi:Tata, McGraw Hill, 508 S.

WALTER, H. 1990. Vegetation und Klimazonen: Grundriß der globalen Ökologie (6. Aufl.). Stuttgart:Ulmer, 382 S.

WALTER, H. & LIETH, H. 1960. Klimadiagramm-Weltatlas. Jena.

WEAVER, C. E. 1956. The distribution and identification of mixed- layer clays in sedimentary rocks. Am. Min. 41,202-221.

WEIDNER, E. 1981. Geomorphologisch bedingte Differenzierungen der Bodengesellschaften am Südabfall des Himalayas (Süd- Nepal). Zeitschr. Geomorph. Suppl.-Bd. 39,123-137.

WIMMENAUER, W. 1985. Petrographie der magmatischen und metamorphen Gesteine. Stuttgart:Enke Verlag, 382 S.

WINTER, R. 1991. Mineral- und Tonmineralbestand sowie kennzeichnende bodenphysikalische und -chemische Eigenschaften von diagenetisch veränderten, rubefizierten Paläobodensedimenten einer neogenen Abfolge aus den Siwaliks (Nepal). Kiel. (unveröff. Diplomarbeit)

ZEUNER, F. E. 1953. Das Problem der Pluvialzeiten. Geol. Rundschau, 41,242-253.

8. Summary

The investigations on selected "Red Soils" of two intramontane basins of hyperthermic SW-Nepal ought to give a contribution to the discussion about the genesis of these soils especially the nature and intensity of the soil forming processes. In these soils resp. the underlying parent material traces of prehistoric cultures have been found. Archaeologists presumed them to be late paleolithic or perhaps partly already mesolithic. This allows a limitation of the soil forming factor time to the latest pleistocene or only holocene, which gives an exceptional chance to get specific informations regarding time dependency of the nature and intensity of weathering in tropical "Red Soils". This is of interest for the comparison with relict "Red Soils" of South India which have been investigated before.

The methodical work includes chemical and micromorphological analyses and above all the mineralogical investigations of the sand and silt fractions as well as the clay mineralogy of the coarse and fine clay fraction including the iron oxides using XRD and DXRD, the last supported by mössbauer-spectroscopic analyses.

Main results are that the yellowish silty parent material of the soils is considered to be a fluvial redeposited (partly aeolic?) already strongly weathered soil sediment. The primary mineral composition contains only few easy weatherable minerals: around 5 % feldspars and 10-15 % phyllosilicates which are mostly muscovites. Because the sediments are not strongly homogeneous only tendencies of the pedogenic mineral weathering could be stated instead of weathering balances. Only surprising little clay mineral formation could be identified. The illites are predominantly of detritic origin and are *inherited* as well as the kaolinites. The few non-regular mixed-layered minerals in the fine clay fraction ($<0,2$ μm) are regarded as a possible initial stage of the silicate weathering. The increase in clay content in the subsoil of some profiles could be identified as a sedimentary inhomogeneity; illuviated clay as illuviation argillans was usually detected only at the transition from the subsoil to the parent material, caused by the distinct water surplus during the summer monsoon period. In contrast to the mainly inherited silicatic weathering products the hematites are proved to be of *pedogenic* origin. Therefore the *rubefication* is an autochthonous and *recent* process. Despite the strong preweathering of the parent material (see above) one of the most important results of the investigations is that the efficiency of tropical weathering has been overestimated by far in many cases especially in the geomorphologic literature. Another conclusion is that rubefication of soils alone is not a reliable indicator for strong pedogenic weathering.

Band IX
* Heft 1 S c o f i e l d, Edna: Landschaften am Kurischen Haff. 1938.
* Heft 2 F r o m m e, Karl: Die nordgermanische Kolonisation im atlantisch-polaren Raum. Studien zur Frage der nördlichen Siedlungsgrenze in Norwegen und Island. 1938.
* Heft 3 S c h i l l i n g, Elisabeth: Die schwimmenden Gärten von Xochimilco. Ein einzigartiges Beispiel altindianischer Landgewinnung in Mexiko. 1939.
* Heft 4 W e n z e l, Hermann: Landschaftsentwicklung im Spiegel der Flurnamen. Arbeitsergebnisse aus der mittelschleswiger Geest. 1939.
* Heft 5 R i e g e r, Georg: Auswirkungen der Gründerzeit im Landschaftsbild der norderdithmarscher Geest. 1939.

Band X
* Heft 1 W o l f, Albert: Kolonisation der Finnen an der Nordgrenze ihres Lebensraumes. 1939.
* Heft 2 G o o ß, Irmgard: Die Moorkolonien im Eidergebiet. Kulturelle Angleichung eines Ödlandes an die umgebende Geest. 1940.
* Heft 3 M a u, Lotte: Stockholm. Planung und Gestaltung der schwedischen Hauptstadt. 1940.
* Heft 4 R i e s e, Gertrud: Märkte und Stadtentwicklung am nordfriesischen Geestrand. 1940.

Band XI
* Heft 1 W i l h e l m y, Herbert: Die deutschen Siedlungen in Mittelparaguay. 1941.
* Heft 2 K o e p p e n, Dorothea: Der Agro Pontino-Romano. Eine moderne Kulturlandschaft. 1941.
* Heft 3 P r ü g e l, Heinrich: Die Sturmflutschäden an der schleswig-holsteinischen Westküste in ihrer meteorologischen und morphologischen Abhängigkeit. 1942.
* Heft 4 I s e r n h a g e n, Catharina: Totternhoe. Das Flurbild eines angelsächsischen Dorfes in der Grafschaft Bedfordshire in Mittelengland. 1942.
* Heft 5 B u s e, Karla: Stadt und Gemarkung Debrezin. Siedlungsraum von Bürgern, Bauern und Hirten im ungarischen Tiefland. 1942.

Band XII
* B a r t z, Fritz: Fischgründe und Fischereiwirtschaft an der Westküste Nordamerikas. Werdegang, Lebens- und Siedlungsformen eines jungen Wirtschaftsraumes. 1942.

Band XIII
* Heft 1 T o a s p e r n, Paul Adolf: Die Einwirkungen des Nord-Ostsee-Kanals auf die Siedlungen und Gemarkungen seines Zerschneidungsbereiches. 1950.
* Heft 2 V o i g t, Hans: Die Veränderung der Großstadt Kiel durch den Luftkrieg. Eine siedlungs- und wirtschaftsgeographische Untersuchung. 1950. (Gleichzeitig erschienen in der Schriftenreihe der Stadt Kiel, herausgegeben von der Stadtverwaltung).
* Heft 3 M a r q u a r d t, Günther: Die Schleswig-Holsteinische Knicklandschaft. 1950.
* Heft 4 S c h o t t, Carl: Die Westküste Schleswig-Holsteins. Probleme der Küstensenkung. 1950.

Band XIV
* Heft 1 K a n n e n b e r g, Ernst-Günter: Die Steilufer der Schleswig-Holsteinischen Ostseeküste. Probleme der marinen und klimatischen Abtragung. 1951.
* Heft 2 L e i s t e r, Ingeborg: Rittersitz und adliges Gut in Holstein und Schleswig. 1952. (Gleichzeitig erschienen als Band 64 der Forschungen zur deutschen Landeskunde).
  Heft 3 R e h d e r s, Lenchen: Probsteierhagen, Fiefbergen und Gut Salzau: 1945 - 1950. Wandlungen dreier ländlicher Siedlungen in Schleswig-Holstein durch den Flüchtlingszustrom. 1953. X, 96 S., 29 Fig. im Text, 4 Abb.   5,—DM
* Heft 4 B r ü g g e m a n n, Günther: Die holsteinische Baumschulenlandschaft. 1953.

Sonderband

*S c h o t t, Carl (Hrsg.): Beiträge zur Landeskunde von Schleswig-Holstein. Oskar Schmieder zum 60. Geburtstag. 1953. (Erschienen im Verlag Ferdinand Hirt, Kiel).

Band XV

*Heft 1 L a u e r, Wilhelm: Formen des Feldbaus im semiariden Spanien. Dargestellt am Beispiel der Mancha. 1954.

*Heft 2 S c h o t t, Carl: Die kanadischen Marschen. 1955.

*Heft 3 J o h a n n e s, Egon: Entwicklung, Funktionswandel und Bedeutung städtischer Kleingärten. Dargestellt am Beispiel der Städte Kiel, Hamburg und Bremen. 1955.

*Heft 4 R u s t, Gerhard: Die Teichwirtschaft Schleswig-Holsteins. 1956.

Band XVI

*Heft 1 L a u e r, Wilhelm: Vegetation, Landnutzung und Agrarpotential in El Salvador (Zentralamerika). 1956.

*Heft 2 S i d d i q i, Mohamed Ismail: The Fishermen's Settlements of the Coast of West Pakistan. 1956.

*Heft 3 B l u m e, Helmut: Die Entwicklung der Kulturlandschaft des Mississippideltas in kolonialer Zeit. 1956.

Band XVII

*Heft 1 W i n t e r b e r g, Arnold: Das Bourtanger Moor. Die Entwicklung des gegenwärtigen Landschaftsbildes und die Ursachen seiner Verschiedenheit beiderseits der deutsch-holländischen Grenze. 1957.

*Heft 2 N e r n h e i m, Klaus: Der Eckernförder Wirtschaftsraum. Wirtschaftsgeographische Strukturwandlungen einer Kleinstadt und ihres Umlandes unter besonderer Berücksichtigung der Gegenwart. 1958.

*Heft 3 H a n n e s e n, Hans: Die Agrarlandschaft der schleswig-holsteinischen Geest und ihre neuzeitliche Entwicklung. 1959.

Band XVIII

Heft 1 H i l b i g, Günter: Die Entwicklung der Wirtschafts- und Sozialstruktur der Insel Oléron und ihr Einfluß auf das Landschaftsbild. 1959. 178 S., 32 Fig. im Text und 15 S. Bildanhang.　9,20 DM

Heft 2 S t e w i g, Reinhard: Dublin. Funktionen und Entwicklung. 1959. 254 S. und 40 Abb.　10,50 DM

Heft 3 D w a r s, Friedrich W.: Beiträge zur Glazial- und Postglazialgeschichte Südostrügens. 1960. 106 S., 12 Fig. im Text und 6 S. Bildanhang.　4,80 DM

Band XIX

Heft 1 H a n e f e l d, Horst: Die glaziale Umgestaltung der Schichtstufenlandschaft am Nordstrand der Alleghenies. 1960. 183 S., 31 Abb. und 6 Tab.　8,30 DM

*Heft 2 A l a l u f, David: Problemas de la propiedad agricola en Chile. 1961.

*Heft 3 S a n d n e r, Gerhard: Agrarkolonisation in Costa Rica. Siedlung, Wirtschaft und Sozialgefüge an der Pioniergrenze. 1961. (Erschienen bei Schmidt & Klaunig, Kiel, Buchdruckerei und Verlag).

Band XX

*L a u e r, Wilhelm (Hrsg.): Beiträge zur Geographie der Neuen Welt. Oskar Schmieder zum 70. Geburtstag. 1961.

Band XXI

*Heft 1 S t e i n i g e r, Alfred: Die Stadt Rendsburg und ihr Einzugbereich. 1962.

Heft 2 B r i l l, Dieter: Baton Rouge, La. Aufstieg, Funktionen und Gestalt einer jungen Großstadt des neuen Industriegebiets am unteren Mississippi. 1963. 288 S., 39 Karten, 40 Abb. im Anhang.　12.00 DM

*Heft 3 D i e k m a n n, Sibylle: Die Ferienhaussiedlungen Schleswig-Holsteins. Eine siedlungs- und sozialgeographische Studie. 1964.

Band XXII
*Heft 1 E r i k s e n, Wolfgang: Beiträge zum Stadtklima von Kiel. Witterungsklimatische Untersuchungen im Raum Kiel und Hinweise auf eine mögliche Anwendung in der Stadtplanung. 1964.

*Heft 2 S t e w i g, Reinhard: Byzanz - Konstantinopel - Istanbul. Ein Beitrag zum Weltstadtproblem. 1964.

*Heft 3 B o n s e n, Uwe: Die Entwicklung des Siedlungsbildes und der Agrarstruktur der Landschaft Schwansen vom Mittelalter bis zur Gegenwart. 1966.

Band XXIII
*S a n d n e r, Gerhard (Hrsg.): Kulturraumprobleme aus Ostmitteleuropa und Asien. Herbert Schlenger zum 60. Geburtstag. 1964.

Band XXIII
Heft 1 W e n k, Hans-Günther: Die Geschichte der Geographischen Landesforschung an der Universität Kiel von 1665 bis 1879. 1966. 252 S., mit 7 ganzstg. Abb.
14,00 DM

Heft 2 B r o n g e r, Arnt: Lösse, ihre Verbraunungszonen und fossilen Böden, ein Beitrag zur Stratigraphie des oberen Pleistozäns in Südbaden. 1966. 98 S., 4 Abb. und 37 Tab. im Text, 8 S. Bildanhang und 3 Faltkarten. 9,00 DM

*Heft 3 K l u g, Heinz: Morphologische Studien auf den Kanarischen Inseln. Beiträge zur Küstenentwicklung und Talbildung auf einem vulkanischen Archipel. 1968. (Erschienen bei Schmidt & Klaunig, Kiel, Buchdruckerei und Verlag).

Band XXV
*W e i g a n d, Karl: I. Stadt-Umlandverflechtungen und Einzugbereiche der Grenzstadt Flensburg und anderer zentraler Orte im nördlichen Landesteil Schleswig. II. Flensburg als zentraler Ort im grenzüberschreitenden Reiseverkehr. 1966.

Band XXVI
*Heft 1 B e s c h, Hans-Werner: Geographische Aspekte bei der Einführung von Dörfergemeinschaftsschulen in Schleswig-Holstein. 1966.

*Heft 2 K a u f m a n n, Gerhard: Probleme des Strukturwandels in ländlichen Siedlungen Schleswig-Holsteins, dargestellt an ausgewählten Beispielen aus Ostholstein und dem Programm-Nord-Gebiet. 1967.

Heft 3 O l b r ü c k, Günter: Untersuchung der Schauertätigkeit im Raume Schleswig-Holstein in Abhängigkeit von der Orographie mit Hilfe des Radargeräts. 1967. 172 S., 5 Aufn., 65 Karten, 18 Fig. und 10 Tab. im Text, 10 Tab. im Anhang. 12,00 DM

Band XXVII
Heft 1 B u c h h o f e r, Ekkehard: Die Bevölkerungsentwicklung in den polnisch verwalteten deutschen Ostgebieten von 1956-1965. 1967. 282 S., 22 Abb., 63 Tab. im Text, 3 Tab., 12 Karten und 1 Klappkarte im Anhang. 16.00 DM

Heft 2 R e t z l a f f, Christine: Kulturgeographische Wandlungen in der Maremma. Unter besonderer Berücksichtigung der italienischen Bodenreform nach dem Zweiten Weltkrieg. 1967. 204 S., 35 Fig. und 25 Tab. 15.00 DM

Heft 3 B a c h m a n n, Henning: Der Fährverkehr in Nordeuropa - eine verkehrsgeographische Untersuchung. 1968. 276 S., 129 Abb. im Text, 67 Abb. im Anhang. 25.00 DM

Band XXVIII
*Heft 1 W o l c k e, Irmtraud-Dietlinde: Die Entwicklung der Bochumer Innenstadt. 1968.

*Heft 2 W e n k, Ursula: Die zentralen Orte an der Westküste Schleswig-Holsteins unter besonderer Berücksichtigung der zentralen Orte niederen Grades. Neues Material über ein wichtiges Teilgebiet des Programm Nord. 1968.

*Heft 3 W i e b e, Dietrich: Industrieansiedlungen in ländlichen Gebieten, dargestellt am Beispiel der Gemeinden Wahlstedt und Trappenkamp im Kreis Segeberg. 1968.

Band XXIX
Heft 1 V o r n d r a n, Gerhard: Untersuchungen zur Aktivität der Gletscher, dargestellt an Beispielen aus der Silvrettagruppe. 1968. 134 S., 29 Abb. im Text, 16 Tab. und 4 Bilder im Anhang.   12.00 DM

Heft 2 H o r m a n n, Klaus: Rechenprogramme zur morphometrischen Kartenauswertung. 1968. 154 S., 11 Fig. im Text und 22 Tab. im Anhang.   12.00 DM

Heft 3 V o r n d r a n, Edda: Untersuchungen über Schuttentstehung und Ablagerungsformen in der Hochregion der Silvretta (Ostalpen). 1969. 137 S., 15 Abb. und 32 Tab. im Text, 3 Tab. und 3 Klappkarten im Anhang.   12.00 DM

Band 30
*S c h l e n g e r, Herbert, Karlheinz P f a f f e n, Reinhard S t e w i g (Hrsg.): Schleswig-Holstein, ein geographisch-landeskundlicher Exkursionsführer. 1969. Festschrift zum 33. Deutschen Geographentag Kiel 1969. (Erschienen im Verlag Ferdinand Hirt, Kiel; 2. Auflage, Kiel 1970).

Band 31
M o m s e n, Ingwer Ernst: Die Bevölkerung der Stadt Husum von 1769 bis 1860. Versuch einer historischen Sozialgeographie. 1969. 420 S., 33 Abb. und 78 Tab. im Text, 15 Tab. im Anhang   24,00 DM

Band 32
S t e w i g, Reinhard: Bursa, Nordwestanatolien. Strukturwandel einer orientalischen Stadt unter dem Einfluß der Industrialisierung. 1970. 177 S., 3 Tab., 39 Karten, 23 Diagramme und 30 Bilder im Anhang.   18.00 DM

Band 33
T r e t e r, Uwe: Untersuchungen zum Jahresgang der Bodenfeuchte in Abhängigkeit von Niederschlägen, topographischer Situation und Bodenbedeckung an ausgewählten Punkten in den Hüttener Bergen/Schleswig-Holstein. 1970. 144 S., 22 Abb., 3 Karten und 26 Tab.   15.00 DM

Band 34
*K i l l i s c h, Winfried F.: Die oldenburgisch-ostfriesischen Geestrandstädte. Entwicklung, Struktur, zentralörtliche Bereichsgliederung und innere Differenzierung. 1970.

Band 35
R i e d e l, Uwe: Der Fremdenverkehr auf den Kanarischen Inseln. Eine geographische Untersuchung. 1971. 314 S., 64 Tab., 58 Abb. im Text und 8 Bilder im Anhang.   24,00 DM

Band 36
H o r m a n n, Klaus: Morphometrie der Erdoberfläche. 1971. 189 S., 42 Fig., 14 Tab. im Text.   20,00 DM

Band 37
S t e w i g, Reinhard (Hrsg.): Beiträge zur geographischen Landeskunde und Regionalforschung in Schleswig-Holstein. 1971. Oskar Schmieder zum 80. Geburtstag. 338 S., 64 Abb., 48 Tab. und Tafeln.   28,00 DM

Band 38
S t e w i g, Reinhard und Horst-Günter W a g n e r (Hrsg.): Kulturgeographische Untersuchungen im islamischen Orient. 1973. 240 S., 45 Abb., 21 Tab. und 33 Photos.   29,50 DM

Band 39
K l u g, Heinz (Hrsg.): Beiträge zur Geographie der mittelatlantischen Inseln. 1973. 208 S., 26 Abb., 27 Tab. und 11 Karten.   32,00 DM

Band 40
S c h m i e d e r, Oskar: Lebenserinnerungen und Tagebuchblätter eines Geographen. 1972. 181 S., 24 Bilder, 3 Faksimiles und 3 Karten.   42,00 DM

Band 41
K i l l i s c h, Winfried F. und Harald T h o m s: Zum Gegenstand einer interdisziplinären Sozialraumbeziehungsforschung. 1973. 56 S., 1 Abb.   7,50 DM

Band 42
N e w i g, Jürgen: Die Entwicklung von Fremdenverkehr und Freizeitwohnwesen in ihren Auswirkungen auf Bad und Stadt Westerland auf Sylt. 1974. 222 S., 30 Tab., 14 Diagramme, 20 kartographische Darstellungen und 13 Photos. 31.00 DM

Band 43
*K i l l i s c h, Winfried F.: Stadtsanierung Kiel-Gaarden. Vorbereitende Untersuchung zur Durchführung von Erneuerungsmaßnahmen. 1975.

Kieler Geographische Schriften
Band 44, 1976 ff.

Band 44
K o r t u m, Gerhard: Die Marvdasht-Ebene in Fars. Grundlagen und Entwicklung einer alten iranischen Bewässerungslandschaft. 1976. XI, 297 S., 33 Tab., 20 Abb. 38,50 DM

Band 45
B r o n g e r, Arnt: Zur quartären Klima- und Landschaftsentwicklung des Karpatenbeckens auf (paläo-) pedologischer und bodengeographischer Grundlage. 1976. XIV, 268 S., 10 Tab., 13 Abb. und 24 Bilder. 45.00 DM

Band 46
B u c h h o f e r, Ekkehard: Strukturwandel des Oberschlesischen Industriereviers unter den Bedingungen einer sozialistischen Wirtschaftsordnung. 1976. X, 236 S., 21 Tab. und 6 Abb., 4 Tab. und 2 Karten im Anhang. 32,50 DM

Band 47
W e i g a n d, Karl: Chicano-Wanderarbeiter in Südtexas. Die gegenwärtige Situation der Spanisch sprechenden Bevölkerung dieses Raumes. 1977. IX, 100 S., 24 Tab. und 9 Abb., 4 Abb. im Anhang. 15.70 DM

Band 48
W i e b e, Dietrich: Stadtstruktur und kulturgeographischer Wandel in Kandahar und Südafghanistan. 1978. XIV, 326 S., 33 Tab., 25 Abb. und 16 Photos im Anhang. 36.50 DM

Band 49
K i l l i s c h, Winfried F.: Räumliche Mobilität - Grundlegung einer allgemeinen Theorie der räumlichen Mobilität und Analyse des Mobilitätsverhaltens der Bevölkerung in den Kieler Sanierungsgebieten. 1979. XII, 208 S., 30 Tab. und 39 Abb., 30 Tab. im Anhang. 24,60 DM

Band 50
P a f f e n, Karlheinz und Reinhard S t e w i g (Hrsg.): Die Geographie an der Christian-Albrechts-Universität 1879-1979. Festschrift aus Anlaß der Einrichtung des ersten Lehrstuhles für Geographie am 12. Juli 1879 an der Universität Kiel. 1979. VI, 510 S., 19 Tab. und 58 Abb. 38.00 DM

Band 51
S t e w i g, Reinhard, Erol T ü m e r t e k i n, Bedriye T o l u n, Ruhi T u r f a n, Dietrich W i e b e und Mitarbeiter: Bursa, Nordwestanatolien. Auswirkungen der Industrialisierung auf die Bevölkerungs- und Sozialstruktur einer Industriegroßstadt im Orient. Teil 1. 1980. XXVI, 335 S., 253 Tab. und 19 Abb. 32,00 DM

Band 52
B ä h r, Jürgen und Reinhard S t e w i g (Hrsg.): Beiträge zur Theorie und Methode der Länderkunde. Oskar Schmieder (27. Januar 1891 - 12. Februar 1980) zum Gedenken. 1981. VIII, 64 S., 4 Tab. und 3 Abb. 11,00 DM

Band 53
M ü l l e r, Heidulf E.: Vergleichende Untersuchungen zur hydrochemischen Dynamik von Seen im Schleswig-Holsteinischen Jungmoränengebiet. 1981. XI, 208 S., 16 Tab., 61 Abb. und 14 Karten im Anhang. 25,00 DM

Band 54
A c h e n b a c h, Hermann: Nationale und regionale Entwicklungsmerkmale des Bevölkerungsprozesses in Italien. 1981. IX, 114 S., 36 Fig. 16,00 DM

Band 55
D e g e, Eckart: Entwicklungsdisparitäten der Agrarregionen Südkoreas. 1982. XXVII, 332 S., 50 Tab., 44 Abb. und 8 Photos im Textband sowie 19 Kartenbeilagen in separater Mappe. 49.00 DM

Band 56
B o b r o w s k i, Ulrike: Pflanzengeographische Untersuchungen der Vegetation des Bornhöveder Seengebiets auf quantitativ-soziologischer Basis. 1982. XIV, 175 S., 65 Tab. und 19 Abb. 23,00 DM

Band 57
S t e w i g, Reinhard (Hrsg.): Untersuchungen über die Großstadt in Schleswig-Holstein. 1983. X, 194 S., 46 Tab., 38 Diagr. und 10 Abb. 24,00 DM

Band 58
B ä h r, Jürgen (Hrsg.): Kiel 1879 - 1979. Entwicklung von Stadt und Umland im Bild der Topographischen Karte. 1:25 000. Zum 32. Deutschen Kartographentag vom 11. - 14. Mai 1983. III, 192 S., 21 Tab., 38 Abb. mit 2 Kartenblättern in der Anlage. ISBN 3-923887-00-0 28.00 DM

Band 59
G a n s, Paul: Raumzeitliche Eigenschaften und Verflechtungen innerstädtischer Wanderungen in Ludwigshafen/Rhein zwischen 1971 und 1978. Eine empirische Analyse mit Hilfe des Entropiekonzeptes und der Informationsstatistik. 1983. XII, 226 S., 45 Tab., 41 Abb. ISBN 3-923887-01-9. 30,00 DM

Band 60
P a f f e n †, Karlheinz und K o r t u m, Gerhard: Die Geographie des Meeres. Disziplingeschichtliche Entwicklung seit 1650 und heutiger methodischer Stand. 1984. XIV, 293 S., 25 Abb. ISBN 3-923887-02-7. 36.00 DM

Band 61
*B a r t e l s †, Dietrich u. a.: Lebensraum Norddeutschland. 1984. IX, 139 S., 23 Tabellen und 21 Karten. ISBN 3-923887-03-5. 22.00 DM

Band 62
K l u g, Heinz (Hrsg.): Küste und Meeresboden. Neue Ergebnisse geomorphologischer Feldforschungen. 1985. V, 214 S., 66 Abb., 45 Fotos, 10 Tabellen. ISBN 3-923887-04-3 39.00 DM

Band 63
K o r t u m, Gerhard: Zückerrübenanbau und Entwicklung ländlicher Wirtschaftsräume in der Türkei. Ausbreitung und Auswirkung einer Industriepflanze unter besonderer Berücksichtigung des Bezirks Beypazari (Provinz Ankara). 1986. XVI, 392 S., 36 Tab., 47 Abb. und 8 Fotos im Anhang. ISBN 3-923887-05-1. 45.00 DM

Band 64
F r ä n z l e, Otto (Hrsg.): Geoökologische Umweltbewertung. Wissenschaftstheoretische und methodische Beiträge zur Analyse und Planung. 1986. VI, 130 S., 26 Tab., 30 Abb. ISBN 3-923887-06-X. 24,00 DM

Band 65
S t e w i g, Reinhard: Bursa, Nordwestanatolien. Auswirkungen der Industrialisierung auf die Bevölkerungs- und Sozialstruktur einer Industriegroßstadt im Orient. Teil 2. 1986. XVI, 222 S., 71 Tab., 7 Abb. und 20 Fotos. ISBN 3-923887-07-8. 37,00 DM

Band 66
S t e w i g, Reinhard (Hrsg.): Untersuchungen über die Kleinstadt in Schleswig-Holstein. 1987. VI, 370 S., 38 Tab., 11 Diagr. und 84 Karten. ISBN 3-923887-08-6. 48,00 DM

Band 67
A c h e n b a c h, Hermann: Historische Wirtschaftskarte des östlichen Schleswig-Holstein um 1850. 1988. XII, 277 S., 38 Tab., 34 Abb., Textband und Kartenmappe. ISBN 3-923887-09-4. 67,00 DM

Band 68
B ä h r, Jürgen (Hrsg.): Wohnen in lateinamerikanischen Städten - Housing in Latin American cities. 1988, IX, 299 S., 64 Tab., 71 Abb. und 21 Fotos.
ISBN 3-923887-10-8. 44,00 DM

Band 69
B a u d i s s i n -Z i n z e n d o r f, Ute Gräfin von: Freizeitverkehr an der Lübecker Bucht. Eine gruppen- und regionsspezifische Analyse der Nachfrageseite. 1988. XII, 350 S., 50 Tab., 40 Abb. und 4 Abb. im Anhang.
ISBN 3-923887-11-6. 32,00 DM

Band 70
H ä r t l i n g, Andrea: Regionalpolitische Maßnahmen in Schweden. Analyse und Bewertung ihrer Auswirkungen auf die strukturschwachen peripheren Landesteile. 1988. IV, 341 S., 50 Tab., 8 Abb. und 16 Karten. ISBN 3-923887-12-4.
30,60 DM

Band 71
P e z, Peter: Sonderkulturen im Umland von Hamburg. Eine standortanalytische Untersuchung. 1989. XII, 190 S., 27 Tab. und 35 Abb. ISBN 3-923887-13-2.
22,20 DM

Band 72
K r u s e, Elfriede: Die Holzveredelungsindustrie in Finnland. Struktur- und Standortmerkmale von 1850 bis zur Gegenwart. 1989. X, 123 S., 30 Tab., 26 Abb. und 9 Karten. ISBN 3-923887-14-0.
24,60 DM

Band 73
B ä h r, Jürgen, Christoph C o r v e s & Wolfram N o o d t (Hrsg.): Die Bedrohung tropischer Wälder: Ursachen, Auswirkungen, Schutzkonzepte. 1989. IV, 149 S., 9 Tab., 27 Abb. ISBN 3-923887-15-9.
25.90 DM

Band 74
B r u h n, Norbert: Substratgenese - Rumpfflächendynamik. Bodenbildung und Tiefenverwitterung in saprolitisch zersetzten granitischen Gneisen aus Südindien. 1990. IV, 191 S., 35 Tab., 31 Abb. und 28 Fotos. ISBN 3-923887-16-7.
22.70 DM

Band 75
P r i e b s, Axel: Dorfbezogene Politik und Planung in Dänemark unter sich wandelnden gesellschaftlichen Rahmenbedingungen. 1990. IX, 239 S., 5 Tab., 28 Abb.
ISBN 3-923887-17-5. 33.90 DM

Band 76
S t e w i g, Reinhard: Über das Verhältnis der Geographie zur Wirklichkeit und zu den Nachbarwissenschaften. Eine Einführung. 1990. IX, 131 S., 15 Abb.
ISBN 3-923887-18-3. 25.00 DM

Band 77
G a n s, Paul: Die Innenstädte von Buenos Aires und Montevideo. Dynamik der Nutzungsstruktur, Wohnbedingungen und informeller Sektor. 1990. XVIII, 252 S., 64 Tab., 36 Abb. und 30 Karten in separatem Kartenband. ISBN 3-923887-19-1.
88,00 DM

Band 78
B ä h r, Jürgen & Paul G a n s (eds): The Geographical Approach to Fertility. 1991. XII, 452 S., 84 Tab. und 167 Fig. ISBN 3-923887-20-5.
43,80 DM

Band 79
R e i c h e, Ernst-Walter: Entwicklung, Validierung und Anwendung eines Modellsystems zur Beschreibung und flächenhaften Bilanzierung der Wasser- und Stickstoffdynamik in Böden. 1991. XIII, 150 S., 27 Tab. und 57 Abb. ISBN 3-923887-21-3.
19,00 DM

Band 80
A c h e n b a c h, Hermann (Hrsg.): Beiträge zur regionalen Geographie von Schleswig-Holstein. Festschrift Reinhard Stewig. 1991. X, 386 S., 54 Tab. und 73 Abb. ISBN 3-923887-22-1. 37,40 DM

Band 81
S t e w i g, Reinhard (Hrsg.): Endogener Tourismus. 1991. V, 193 S., 53 Tab. und 44 Abb. ISBN 3-923887-23-X. 32,80 DM

Band 82
J ü r g e n s, Ulrich: Gemischtrassige Wohngebiete in südafrikanischen Städten. 1991. XVII, 299 S., 58 Tab. und 28 Abb. ISBN 3-923887-24-8. 27,00 DM

Band 83
E c k e r t, Markus: Industrialisierung und Entindustrialisierung in Schleswig-Holstein. 1992. XVII, 350 S., 31 Tab. und 42 Abb. ISBN 3-923887-25-6. 24,90 DM

Band 84
N e u m e y e r, Michael: Heimat. Zu Geschichte und Begriff eines Phänomens. 1992. V, 150 S. ISBN 3-923887-26-4. 17,60 DM

Band 85
K u h n t, Gerald und Z ö l i t z - M ö l l e r, Reinhard (Hrsg.): Beiträge zur Geoökologie aus Forschung, Praxis und Lehre. Otto Fränzle zum 60. Geburtstag. 1992. VIII, 376 S., 34 Tab. und 88 Abb. ISBN 3-923887-27-2. 37,20 DM

Band 86
R e i m e r s, Thomas: Bewirtschaftungsintensität und Extensivierung in der Landwirtschaft. Eine Untersuchung zum raum-, agrar- und betriebsstrukturellen Umfeld am Beispiel Schleswig-Holsteins. 1993. XII, 232 S., 44 Tab., 46 Abb. und 12 Klappkarten im Anhang. ISBN 3-923887-28-0. 23,80 DM

Band 87
S t e w i g, Reinhard (Hrsg.): Stadtteiluntersuchungen in Kiel. Baugeschichte, Sozialstruktur, Lebensqualität, Heimatgefühl. 1993. VIII, 337 S., 159 Tab., 10 Abb., 33 Karten und 77 Graphiken. ISBN 3-923887-29-9. 24,00 DM

Band 88
W i c h m a n n, Peter: Jungquartäre randtropische Verwitterung. Ein bodengeographischer Beitrag zur Landschaftsentwicklung von Südwest-Nepal. 1993. X, 125 S., 18 Tab. und 17 Abb. ISBN 3-923887-30-2. 19,70 DM